西南石油大学"十三五""十四五"石油与天然气工程科技成果

页岩气吸附基础理论

任文希　王天宇　曾凡辉　著

石油工业出版社

内 容 提 要

本书着重介绍了甲烷和多组分气体在页岩中的吸附行为和影响因素，以及对应的理论模型；详细阐释了甲烷和二氧化碳在页岩中的竞争吸附行为，及其对强化页岩气开采和二氧化碳地质埋存的影响。

本书可供非常规油气开发领域的科研人员、技术人员，以及高等院校相关专业的师生参考使用。

图书在版编目（CIP）数据

页岩气吸附基础理论 / 任文希，王天宇，曾凡辉著. -- 北京：石油工业出版社，2025.5. -- ISBN 978-7-5183-7411-3

Ⅰ. P618.12

中国国家版本馆 CIP 数据核字第 2025FX4107 号

出版发行：石油工业出版社
（北京安定门外安华里 2 区 1 号楼　100011）
网　　址：www.petropub.com
编辑部：（010）64249707　　图书营销中心：（010）64523633
经　　销：全国新华书店
印　　刷：北京中石油彩色印刷有限责任公司

2025 年 5 月第 1 版　2025 年 5 月第 1 次印刷
787×1092 毫米　开本：1/16　印张：8.25
字数：164 千字

定价：40.00 元
（如出现印装质量问题，我社图书营销中心负责调换）
版权所有，翻印必究

前 言
PREFACE

页岩气是一种低碳化石能源，被誉为传统燃料与可再生能源之间的"桥梁"。我国页岩气资源丰富，高效开发页岩气对于推动我国能源转型有重要的意义。相对于常规的砂岩、碳酸盐岩气藏，页岩气的赋存方式具有自己的特点，不仅有自由气，还有吸附气，吸附气占比20%~85%，是页岩气的重要组成。相较于自由气，吸附气的开发难度较大。因此，明确页岩气的吸附特征及其影响因素对于高效开发页岩气有重要的理论和现实意义。

本书作者及其研究小组在国家自然科学基金重大国际（地区）合作项目"页岩气藏水平井完井与多级压裂增产的基础研究"（51210006）、国家自然科学基金青年基金项目"陆相页岩多重孔隙空间中复杂烃类混合物的赋存机制和相态行为研究"（52004239）、油气资源与工程全国重点实验室开放课题"超临界甲烷在页岩上的解吸滞后特征及其机理研究"（PRP/open-2003）的资助下，长期致力于页岩气吸附的研究，针对页岩孔隙结构特征、干燥及含水条件下的甲烷吸附行为、甲烷—二氧化碳竞争吸附行为等形成了较为系统的研究成果。本书对此进行了全面总结和阐述，希望能对相关领域的科技工作者有所启示。

全书共分为六章。第一章介绍了页岩气的开发现状、页岩气的组分特征和页岩气吸附理论的研究进展，由任文希撰写。第二章介绍了页岩的储集空间特征，由任文希撰写。第三章介绍了甲烷在干燥页岩中的微观吸附行为，以及相应的理论模型，由任文希和王天宇撰写。第四章介绍了在含水页岩中的甲烷吸附理论模型，由任文希和曾凡辉撰写。第五章介绍了适用于页岩的多组分气体吸附模型，由任文希撰写。第六章介绍了竞争吸附对二氧化碳置换页岩气及碳埋存的影响，由任文希和王天宇撰写。

在本书的编写过程中，李根生院士、田守嶒教授、郭建春教授、刘汉中教授、黄中伟教授、盛茂教授、宋先知教授、王海柱教授、杨峰教授、杨睿月教授等给予了许多指导和帮助，在此表示衷心的感谢。此外，还要感谢国家自然科学基金委员会、油气资源与工程全国重点实验室相关项目对本书编写与出版的资助。

由于水平有限，书中难免存在疏漏不当之处，还望同行专家和广大读者批评指正。

目 录
CONTENTS

▶ 第一章　概述
第一节　我国页岩气开发现状 ············· 1
第二节　页岩气组分特征 ················· 2
第三节　页岩气吸附理论研究进展 ········ 10

▶ 第二章　页岩储集空间特征
第一节　页岩矿物组成及有机碳含量 ····· 18
第二节　页岩孔隙结构特征 ·············· 19

▶ 第三章　甲烷在干燥页岩中的吸附
第一节　甲烷吸附行为的分子模拟 ······· 28
第二节　现有的甲烷吸附理论模型 ······· 41
第三节　修正的 Uniform Langmuir 模型 ·· 41

▶ 第四章　甲烷在含水页岩中的吸附
第一节　页岩储层初始含水饱和度 ······· 56
第二节　含水条件下的甲烷吸附模型 ····· 58
第三节　水相对甲烷吸附的影响 ········· 65

第五章　基于吸附势理论的页岩多组分气体吸附模型

第一节　现有多组分气体吸附模型的不足 …………………………71

第二节　吸附质分子间的相互作用表征 …………………………71

第三节　基于吸附势理论的多组分气体吸附模型建立 ……………79

第四节　模型验证和对比分析 ………………………………………84

第六章　竞争吸附对二氧化碳置换页岩气及碳埋存的影响

第一节　二氧化碳强化页岩气开采及地质埋存一体化 …………… 100

第二节　基于分子模拟的吸附竞争行为模拟 ……………………… 101

第三节　水相对甲烷—二氧化碳竞争吸附行为的影响 …………… 105

第四节　储层深度对竞争吸附的影响 ……………………………… 108

参考文献

后记

第一章 概述

页岩气是一种从页岩层中开采出来的天然气，主要成分为甲烷，也可能含有乙烷、丙烷、丁烷等其他烃类。由于其清洁、高效的特性，页岩气的开发利用对于优化能源结构、减少环境污染、促进能源安全具有重要意义[1]。美国凭借对页岩气资源的大规模开发利用，一改天然气大举进口的局面，实现了从天然气进口国到出口国的转变，并逐步迈向能源独立时代。我国页岩气资源丰富，高效开发页岩气可以降低对进口能源的依赖，提高能源自给率，最终实现能源独立。此外，高效开发页岩气还可以减少煤炭等高碳能源的使用，优化工业能源结构，降低碳排放，助力"碳达峰"和"碳中和"目标的达成[2-3]。

页岩气赋存方式多样，不仅有游离气还有吸附气，这是页岩气藏与常规砂岩、碳酸盐岩气藏的关键区别。吸附是指当流体与多孔固体接触时，流体中某一组分或多个组分在固体表面处产生积蓄的过程。由分子间作用力（范德华力）产生的吸附称为物理吸附。页岩气吸附过程，就是天然气分子受到范德华力的作用，在页岩孔隙壁面产生积蓄的过程。页岩气藏中吸附气的占比可达20%～50%[4]，因此研究吸附气，对于页岩气藏储量评价、产能评估和开发潜力分析等有重要的意义[5]。

第一节 我国页岩气开发现状

我国页岩气的开发大致可以分为3个阶段：

（1）合作借鉴阶段（2007—2009年）：在此阶段，国内学者引入了美国页岩气的概念，通过地质评价，确定了四川盆地上奥陶统五峰组—下志留统龙马溪组和下寒武统筇竹寺组两套页岩作为中国页岩气的工作重点。中国石油勘探开发研究院与美国新田石油公司联合开展了"威远地区页岩气联合研究"，并钻探了我国第一口页岩气地质资料井——长芯1井[6]。

（2）自主探索阶段（2010—2013年）：这一阶段取得了重要进展，明确了四川盆地海相五峰组—龙马溪组页岩气的开发价值，并发现了蜀南和涪陵两大页岩气区。中国第一口页岩气井——威201直井在龙马溪组页岩段压裂获得页岩气测试产量[6]。

（3）工业化开发阶段（2014年至今）：中国页岩气有效开发技术逐渐成熟，埋深3500m以浅的页岩气资源实现了有效开发，埋深3500m以深的页岩气开发取得了突破进展。2018年，我国首个大型页岩气田——涪陵页岩气田建成，对促进能源结构调整、缓解我国中东部地区天然气市场供应压力具有重要意义。

近年来，我国已经建成了多个百亿级产量的页岩气田。2023年，全年天然气产量达到了 $2300 \times 10^8 m^3$ 的新高，其中页岩气的贡献尤为突出，全年产量高达 $250 \times 10^8 m^3$，占比超过10%，成为推动天然气储备和产量增长的重要力量。我国三大国家级页岩气示范区建设稳步推进，其中长宁—威远页岩气田全年稳产超 $95 \times 10^8 m^3$，涪陵页岩气田年产量超 $85 \times 10^8 m^3$。除了已经实现商业化开发的龙马溪组页岩，寒武系筇竹寺组和二叠系大隆组页岩也取得了重大勘探突破，如中国石化的金石103井、中国石油的资201井、威页1井先后在寒武系筇竹寺组地层获高产工业气流，揭开了页岩气万亿级规模增储的新阵地。

第二节　页岩气组分特征

对于吸附，不同类型的气体分子与多孔固体的相互作用强度不同，因此页岩对不同气体分子的吸附能力也存在差异。为了深入研究页岩气吸附，首先必须明确页岩气的具体组分。这里针对重庆涪陵区块、四川威远—长宁区块、鄂尔多斯盆地延长区块等国内外8个典型页岩气区块，结合各个区块的地球化学资料，研究了页岩气组分特征，并进行了统计分析。

（1）威远—长宁区块页岩气组分。

四川威远—长宁区块是中国石油首个国家级页岩气示范区，目前已经实现了规模效益开发。威远—长宁区块页岩气组分见表1.2.1。从表1.2.1可以看出，甲烷含量占95.52%~99.27%，平均为98.17%；乙烷含量占0.32%~0.68%，平均为0.48%、丙烷含量占0~0.03%，平均为0.01%。非烃组分以氮气和二氧化碳为主，不含硫化氢。其中，二氧化碳含量占0.02%~1.07%，平均为0.58%、氮气含量占0.01%~2.95%，平均为0.72%。天然气湿度系数很低，为典型的干气气藏。

（2）涪陵区块页岩气组分。

重庆涪陵区块是中国石化承担建设的国家级页岩气示范区，它是中国首个大型页岩气田，它也是除北美之外世界最大的页岩气田。重庆涪陵区块页岩气组分见表1.2.2。从表1.2.2可以看出，甲烷含量占97.89%~98.95%，平均为98.58%；乙烷含量占0.60%~

0.72%，平均为 0.66%；丙烷含量占 0.01%～0.05%，平均为 0.02%。非烃组分以氮气和二氧化碳为主，不含硫化氢。其中，二氧化碳含量占 0～0.39%，平均为 0.13%；氮气含量占 0.32%～1.36%，平均为 0.58%。天然气湿度系数很低，为典型的干气气藏。

表 1.2.1　威远—长宁区块页岩气组分[7]

井号	页岩气组分 /%								
	甲烷	乙烷	丙烷	正丁烷	异丁烷	正戊烷	异戊烷	二氧化碳	氮气
Wei201	98.32	0.46	0.01	—	—	—	—	0.36	0.81
Wei201-H1	95.52	0.32	0.01	—	—	—	—	1.07	2.95
Wei202	99.27	0.68	0.02	—	—	—	—	0.02	0.01
Wei203	98.27	0.57	—	—	—	—	—	1.05	0.08
Ning201-H1	99.12	0.50	0.01	—	—	—	—	0.04	0.3
Ning211	98.53	0.32	0.03	—	—	—	—	0.91	0.17

注："—"表示文献未提供数据，将其默认为 0，下同。

表 1.2.2　涪陵区块页岩气组分[8]

井号	页岩气组分 /%								
	甲烷	乙烷	丙烷	正丁烷	异丁烷	正戊烷	异戊烷	二氧化碳	氮气
JY1	98.52	0.67	0.05	—	—	—	—	0.32	0.43
JY1-2	98.8	0.70	0.02	—	—	—	—	0.13	0.34
JY1-3	98.67	0.72	0.03	—	—	—	—	0.17	0.41
JY4-1	97.89	0.62	0.02	—	—	—	—	—	1.07
JY4-2	98.06	0.57	0.01	—	—	—	—	—	1.36
JY-2	98.95	0.63	0.02	—	—	—	—	0.02	0.39
JY7-2	98.84	0.67	0.03	—	—	—	—	0.14	0.32
JY12-3	98.87	0.67	0.02	—	—	—	—	0	0.44
JY12-4	98.76	0.66	0.02	—	—	—	—	0	0.57
JY13-1	98.35	0.60	0.02	—	—	—	—	0.39	0.64
JY13-3	98.57	0.66	0.02	—	—	—	—	0.25	0.51
JY20-2	98.38	0.71	0.02	—	—	—	—	0	0.89
JY42-1	98.54	0.68	0.02	—	—	—	—	0.38	0.38
JY42-2	98.89	0.69	0.02	—	—	—	—	0	0.39

（3）延长区块页岩气组分。

鄂尔多斯盆地延长区块是我国首个陆相国家级页岩气示范区，目前还暂未实现商业化规模开发。延长区块页岩气组分见表1.2.3。从表1.2.3可以看出，甲烷含量相对较低，在57.82%～88.93%之间，平均为72.91%；乙烷含量占5.32%～19.63%，平均为12.81%；丙烷含量占1.94%～16.63%，平均为7.26%；正丁烷含量占0.39%～3.33%，平均为1.71%；异丁烷含量占0.32%～2.14%，平均为1.05%；正戊烷含量占0.10%～1.69%，平均为0.46%；异戊烷含量占0.10%～1.37%，平均为0.41%。非烃组分以氮气和二氧化碳为主，不含硫化氢。其中，二氧化碳占0～4.87%，平均为0.76%；氮气含量占0～3.88%，平均为0.71%。天然气湿度系数较高，说明该区块页岩气以湿气为主。

表1.2.3 延长区块页岩气组分[9-10]

样本编号	甲烷	乙烷	丙烷	正丁烷	异丁烷	正戊烷	异戊烷	二氧化碳	氮气
LP177-1	67.01	14.67	6.07	2.32	2.14	1.29	1.37	—	—
LP177-2	66.43	14.77	6.16	2.45	2.11	1.69	1.11	—	—
YYP1-1	76.18	10.93	4.17	1.68	1.17	0.33	0.26	—	—
YYP1-2	75.69	11.51	4.42	1.59	1.20	0.43	0.31	—	—
YY13-1	77.40	9.91	5.71	1.22	0.95	0.41	0.31	—	—
YY13-2	77.49	9.85	5.75	1.14	0.89	0.42	0.32	—	—
S1	76.09	8.69	6.05	2.23	1.04	0.67	0.57	0.87	3.14
S2	88.93	5.32	1.94	0.39	0.32	0.10	0.10	0.32	2.51
S3	84.79	6.91	3.13	0.77	0.44	0.25	0.21	1.29	1.75
S4	76.05	13.83	7.27	1.14	0.57	0.13	0.15	0.82	0
S5	73.45	14.92	8.34	1.36	0.64	0.14	0.17	0.92	0
S6	70.10	17.26	9.48	1.32	0.68	0.10	0.13	0.90	0
S7	67.75	17.15	10.64	1.85	0.89	0.21	0.25	1.20	0
S8	60.44	17.62	12.87	2.35	1.17	0.26	0.32	4.87	0
S9	57.82	19.63	16.63	3.33	1.63	0.38	0.46	0	0
S10	70.86	11.96	7.46	2.18	1.02	0.59	0.48	0.94	3.88

（4）岑巩区块页岩气组分。

贵州岑巩区块是全国第二轮页岩气招标区块之一。目前，贵州岑巩区块还处于勘探阶段，暂未进入实质性开采。贵州岑巩区块页岩气组分见表1.2.4。从表1.2.4可以看出，甲烷含量占76.43%~80.95%，平均为79.57%；乙烷含量占1.09%~2.24%，平均为1.59%；丙烷含量占0.01%~0.04%，平均为0.03%。非烃组分以氮气和二氧化碳为主。其中，二氧化碳含量占2.33%~2.91%，平均为2.63%；氮气含量占13.87%~19.74%，平均为16.18%。

综上可知，对于已经实现规模开发的威远—长宁、涪陵区块，页岩气中甲烷含量占绝对优势。对于还处于勘探阶段的延长和岑巩区块，页岩气中甲烷含量相对较低，平均含量为74.93%。

表1.2.4 岑巩区块页岩气组分[11]

井号	页岩气组分/%								
	甲烷	乙烷	丙烷	正丁烷	异丁烷	正戊烷	异戊烷	二氧化碳	氮气
TX-1	80.7	1.97	0.03	—	—	—	—	2.33	14.96
	79.13	1.22	0.01	—	—	—	—	2.70	16.93
	76.43	1.09	0.01	—	—	—	—	2.74	19.74
	80.95	1.83	0.03	—	—	—	—	2.60	14.58
	81.3	2.24	0.04	—	—	—	—	2.55	13.87
	77.85	1.43	0.03	—	—	—	—	2.91	17.78
	80.61	1.38	0.03	—	—	—	—	2.60	15.39

（5）北美地区页岩气组分。

美国Fayetteville、Marcellus、Barnett和New Albany区块页岩气组分见表1.2.5至表1.2.8。总体来看，甲烷含量最高的是Fayetteville区块，平均值为97.24%。Barnett区块和Marcellus区块页岩气中乙烷含量较高，平均值分别为7.93%和11.28%

表1.2.5 Fayetteville区块页岩气组分[12]

样本号	页岩气组分/%								
	甲烷	乙烷	丙烷	正丁烷	异丁烷	正戊烷	异戊烷	二氧化碳	氮气
SW_F041	96.44	1.04	0.02	0	0	0	0	2.50	—
SW_F042	96.78	0.80	0.02	0	0	0	0	2.40	—
SW_F043	97.74	1.09	0.02	0	0	0	0	1.15	—
SW_F044	97.91	1.21	0.02	0	0	0	0	0.86	—
SW_F045	97.45	0.97	0.01	0	0	0	0	1.56	—

续表

样本号	页岩气组分/%								
	甲烷	乙烷	丙烷	正丁烷	异丁烷	正戊烷	异戊烷	二氧化碳	氮气
SW_F046	97.60	0.94	0.02	0	0	0	0	1.44	—
SW_F047	98.10	0.81	0.01	0	0	0	0	1.08	—
SW_F048	95.30	1.14	0.02	0	0	0	0	3.53	—
SW_F049	97.47	1.13	0.02	0	0	0	0	1.38	—
SW_F050	97.15	1.14	0.02	0	0	0	0	1.69	—
SW_F051	96.72	1.18	0.02	0	0	0	0	2.08	—
SW_F052	97.84	1.22	0.02	0	0	0	0	0.92	—
SW_F053	97.43	0.95	0.01	0	0	0	0	1.61	—
SW_F054	97.18	1.22	0.01	0	0	0	0	1.58	—
SW_F055	97.52	0.93	0.02	0	0	0	0	1.53	—

表 1.2.6　Marcellus 区块页岩气组分[13]

井号	页岩气组分/%								
	甲烷	乙烷	丙烷	正丁烷	异丁烷	正戊烷	异戊烷	二氧化碳	氮气
11	79.4	16.1	4.0	—	—	—	—	0.1	0.4
2	82.1	14.0	3.5	—	—	—	—	0.1	0.3
3	83.8	12.0	3.0	—	—	—	—	0.9	0.3
4	95.5	3.0	1.0	—	—	—	—	0.3	0.2

表 1.2.7　Barnett 区块页岩气组分[14]

样本编号	页岩气组分/%								
	甲烷	乙烷	丙烷	正丁烷	异丁烷	正戊烷	异戊烷	二氧化碳	氮气
AB	95.49	0.78	0.03	0.01	0	0	0	3.34	0.35
AD	92.80	3.66	0.39	0.05	0.07	0.02	0.02	2.18	0.81
AP	96.08	1.52	0.06	0	0	0	0	1.83	0.51
AS	95.66	1.45	0.05	0	0	0	0	2.06	0.78
AV	95.95	1.32	0.05	0.01	0	0	0	1.59	1.08

续表

样本编号	页岩气组分 /%									
	甲烷	乙烷	丙烷	正丁烷	异丁烷	正戊烷	异戊烷	二氧化碳	氮气
AW	95.80	1.01	0.22	0.01	0	0	0	1.99	0.95
AX	95.69	0.88	0.02	0	0	0	0	2.48	0.93
N	94.34	2.07	0.09	0.01	0.01	0	0	3.23	0.25
Q	94.88	1.62	0.07	0.01	0.01	0	0	2.98	0.43
R	95.04	1.30	0.07	0.02	0.01	0	0	3.23	0.33
AC	77.33	12.85	5.04	1.35	0.72	0.37	0.35	0.47	1.14
AE	79.76	12.27	4.10	1.08	0.62	0.31	0.34	0.56	0.70
I	76.14	11.62	5.01	1.60	0.97	0.54	0.55	0.73	1.36
AM	78.73	11.70	4.17	1.19	0.76	0.37	0.39	1.00	0.86
AQ	86.96	8.09	1.92	0.38	0.44	0.08	0.14	1.11	0.68
AR	85.17	9.24	2.44	0.54	0.50	0.13	0.18	0.81	0.55
AZ	78.35	11.84	4.35	1.21	0.83	0.36	0.40	1.29	0.77
J	84.21	9.69	2.58	0.61	0.45	0.19	0.21	1.39	0.32
K	85.77	8.90	2.15	0.46	0.38	0.11	0.14	1.55	0.32
L	87.20	7.91	1.79	0.35	0.33	0.08	0.12	1.72	0.36
M	87.74	7.57	1.61	0.30	0.30	0.06	0.10	1.86	0.36
T	90.32	5.86	0.93	0.15	0.18	0.03	0.05	2.10	0.36
U	90.61	5.64	1.22	0.24	0.25	0.06	0.11	1.39	0.34
V	87.97	7.38	1.66	0.34	0.32	0.08	0.13	1.64	0.33
W	86.70	7.50	2.20	0.58	0.43	0.19	0.25	1.11	0.47
X	84.54	8.91	2.58	0.70	0.56	0.22	0.27	1.47	0.32
Y	93.35	3.30	0.40	0.07	0.09	0.02	0.03	2.31	0.30
B	76.52	12.29	5.13	1.41	0.56	0.43	0.33	0.74	1.90
C	78.20	11.91	4.46	1.42	0.69	0.47	0.41	1.24	0.69
AY	78.01	12.66	4.71	1.29	0.78	0.42	0.40	0.66	0.70
AH	78.32	12.43	4.49	1.14	0.53	0.31	0.31	0.27	1.95

续表

样本编号	页岩气组分/%								
	甲烷	乙烷	丙烷	正丁烷	异丁烷	正戊烷	异戊烷	二氧化碳	氮气
D	82.85	6.55	4.09	1.33	0.62	0.42	0.41	0.54	2.12
E	76.06	11.89	5.08	1.46	0.65	0.50	0.41	0.83	1.61
F	81.98	9.05	4.03	1.15	0.59	0.33	0.35	0.62	1.05
G	75.04	12.43	5.53	1.69	0.81	0.57	0.50	0.90	1.42
H	76.01	12.44	5.33	1.63	0.86	0.53	0.50	0.62	1.28
O	93.87	2.73	0.16	0.01	0.01	0	0	2.84	0.38
AA	78.11	11.36	4.88	1.32	0.69	0.39	0.34	1.95	0.53
AG	80.13	11.49	4.05	0.98	0.52	0.25	0.24	0.25	1.97
AI	78.37	12.05	4.46	1.26	0.74	0.37	0.37	0.66	1.21
AJ	77.72	12.07	4.69	1.42	0.80	0.45	0.43	0.74	1.14
AK	78.02	12.77	4.73	1.27	0.75	0.35	0.35	0.61	0.80
AL	80.89	10.83	3.73	1.07	0.60	0.31	0.31	0.80	1.01

表 1.2.8 New Albany 区块页岩气组分[15]

井号	页岩气组分/%								
	甲烷	乙烷	丙烷	正丁烷	异丁烷	正戊烷	异戊烷	二氧化碳	氮气
NS-1	90.9	0.8	0.4	0.1	0.03	—	—	7.7	—
NS-3	98.3	0.9	0.5	0.1	0.02	—	—	0.1	—
NS-5	98.2	1.0	0.5	0.1	0.02	—	—	0.2	—
NS-7	98.4	0.8	0.6	0.1	0.10	—	—	0	—
NA-6	75.8	13.0	4.5	0.8	0.10	0.30	—	0.1	5.2
NA-5	71.7	15.8	6.7	1.2	0.20	0.70	—	0.2	3.4
NA-4	72.1	17.0	6.5	1.1	0.20	—	—	0.2	3.0

不同区块页岩气的甲烷含量如图 1.2.1 所示。从图 1.2.1 中可以看出，甲烷含量最高的是涪陵区块，平均值为 98.58%。其次为威远—长宁区块和 Fayetteville 区块，平均值分别为 98.17% 和 97.24%。延长区块页岩气的甲烷含量最低，其值在 57.82%～88.93% 之间，平均值低于 80%，这可能是因为延长组页岩为陆相沉积，而其余区块为海相沉积。Barnett

区块、Marcellus 区块和 New Ablany 区块页岩气的甲烷含量分布范围广，在 71.7%~98.4% 之间，均值为 85.35%。

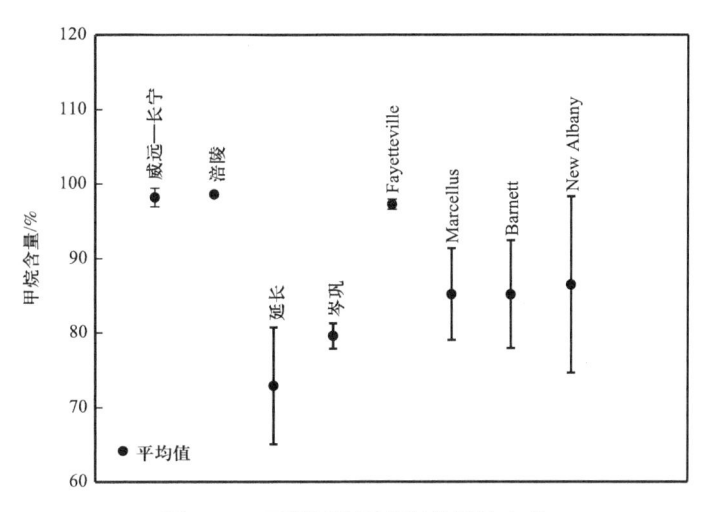

图 1.2.1　不同区块页岩气的甲烷含量

中美页岩气区块 112 个气样的甲烷、乙烷和丙烷三角图（图 1.2.2）表明：绝大部分气样的甲烷相对含量超过了 75%，仅延长区块的 4 个气样低于了 75%；乙烷相对含量为 0~20.87%，共有 38 个气样的乙烷相对含量超过了 10%，占总气样的 33.93%；丙烷相对含量较低，平均值为 2.49%。

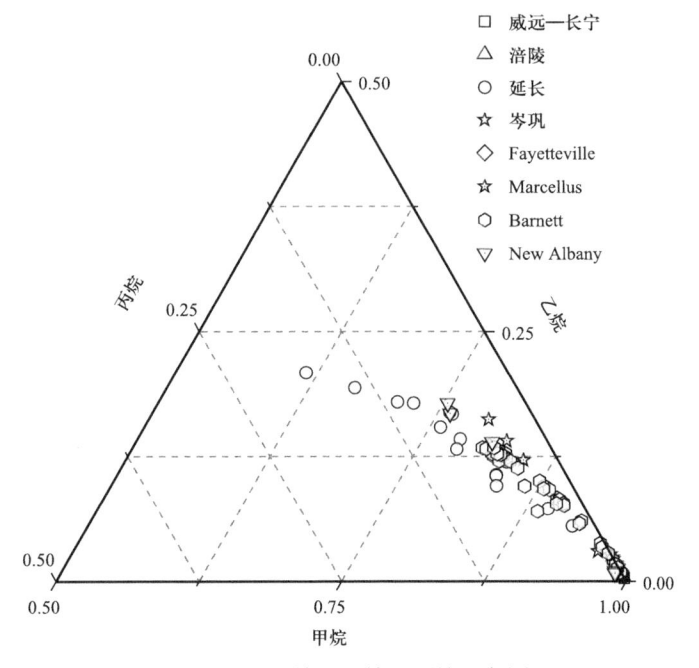

图 1.2.2　甲烷、乙烷和丙烷三角图

整体来看，对于目前大多数已经实现商业化开发的页岩气区块，页岩气的主要成分是甲烷，除此之外还可能含有少量的轻质组分和非烃组分。其中，轻质组分主要是乙烷、丙烷等。非烃组分主要包括二氧化碳和氮气[16-17]。

第三节　页岩气吸附理论研究进展

一、甲烷吸附理论

甲烷是页岩气的主要组分。目前，常用实验测得的等温吸附线来研究甲烷在页岩中的吸附。值得注意的是，实验条件下测得的吸附量为过剩吸附量 n^{ex}[18]。对于页岩气资源评价和页岩气开发数值模拟，需要通过 Gibbs 过剩吸附关系将过剩吸附量 n^{ex} 转换为绝对吸附量 n^{ab}[19]：

$$n^{ex}=n^{ab}\left(1-\frac{\rho^{b}}{\rho^{a}}\right) \qquad (1.3.1)$$

式中　n^{ex}——过剩吸附量，mol/kg；

n^{ab}——绝对吸附量，mol/kg；

ρ^{b}——气体体相密度，kg/m³ 或 mol/m³；

ρ^{a}——气体吸附相密度，kg/m³ 或 mol/m³。

吸附相密度无法直接测量。目前确定气体吸附相密度的方法可以分为 3 种：（1）将吸附相密度设定为常数，一般取常压沸点下的液相密度或是 van der Waals 协体积的倒数[20-21]；（2）采用经验方程计算[22]；（3）将吸附相密度作为拟合参数[23]。

实验条件下，页岩的甲烷吸附等温线会出现极大值，即随平衡压力的升高，过剩吸附量先增大后减小[24-26]，如图 1.3.1 所示。这种现象是违反直觉的。因为通常认为，低压条件下，吸附量随平衡压力的升高单调增加；高压条件下，吸附量增幅变缓并逐渐趋近于一个定值。这里，从宏观结合微观的角度解释这一违反直觉的现象。低压条件下，甲烷体相密度很小，式（1.3.1）中 ρ_b/ρ_a 项可以忽略。这时，过剩吸附量近似等于绝对吸附量。因此，过剩吸附量随平衡压力的升高而增加。随着平衡压力的升高，甲烷分子逐渐将微孔填满，吸附相密度也逐渐趋于一个定值。进一步提高平衡压力，体相密度继续增大，而吸附相密度基本不变[27]。因此，式（1.3.1）中（$1-\rho_b/\rho_a$）项逐渐减小。此外，高压条件下，绝对吸附量趋于饱和值，进而导致过剩吸附量减小。部分研究者[28-29]的实验结果显示，页岩的甲烷等温吸附线不存在最大值，这是因为实验压力不够高。实验温度对等温吸附线的形态也有重要影响，温度越高，极大值点对应的平衡压力越大；温度越低，极大值点对应的平衡压力越小[22]。

一般采用 Langmuir 方程拟合甲烷吸附等温线。该方程形式简单，且能对实验数据进行较为有效的拟合，因此在页岩气储量评价和产能模拟方面得到了广泛的应用。但是，部分学者[30-31]在拟合过程中将 Langmuir 饱和吸附量与温度相关联，这不符合实际。对于特定的吸附系统，吸附位点总数是固定的，因此饱和吸附量应该为一个与温度无关的常数。此外，Langmuir 方程仅适用于均匀表面的单分子层吸附。Jin 和 Abbass[32]指出 Langmuir 方程无法合理地解释页岩气吸附机理，仅仅是一个拟合关系式。

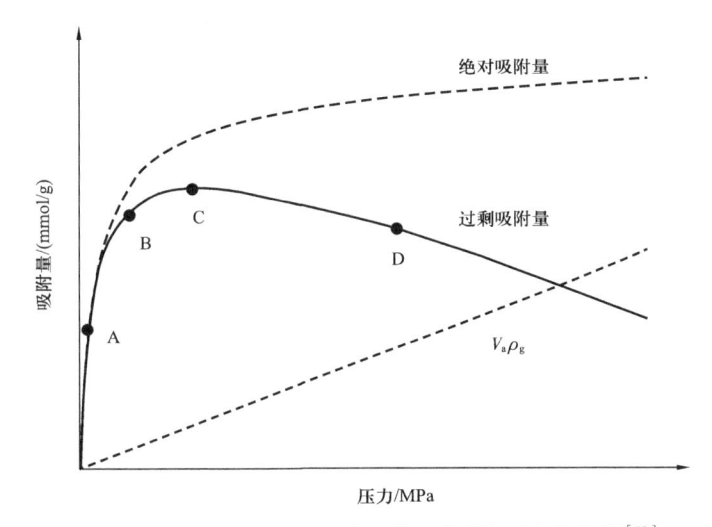

图 1.3.1 过剩吸附量和绝对吸附量随平衡压力的变化[18]

周尚文等[33]将 Langmuir-Freundlich 模型[34]应用于页岩气吸附的研究。他们发现 Langmuir-Freundlich 模型可以较好地描述超临界条件下的甲烷吸附等温线，其拟合精度也要优于 Langmuir 方程。这可能是因为 Langmuir-Freundlich 模型较 Langmuir 模型多了一个表征吸附剂表面非均质性的参数，即多了一个拟合参数。此外，Langmuir-Freundlich 模型缺乏严格的理论基础，只能作为拟合关系式。

Tang 等[26]采用双位 Langmuir 方程拟合甲烷吸附等温线，取得了很好的效果，并得到了与温度无关的吸附参数。但是，双位 Langmuir 方程涉及 7 个拟合参数，实际使用过程中可能会出现过拟合的情况。

Yu 等[35]提出用 BET 方程[36]来描述甲烷在页岩上的超临界吸附行为。他们发现 BET 方程的拟合效果要优于 Langmuir 方程。BET 方程假设均匀固体表面存在多层吸附，且吸附气体分子之间不存在横向作用力[36]。该模型适用于表征平板或是介孔、大孔的吸附行为[37]。对于微孔中的吸附，BET 方程并不适用[38-39]。

Rexer 等[23]和 Tian 等[40]将 Dubinin-Radushkevich（DR）模型[41]应用于页岩气吸附的研究。DR 模型基于 Polanyi 吸附势理论[42]建立，是一个半经验的吸附模型。Rexer 等[23]

和 Tian 等[40]发现 DR 模型可以较好地描述超临界甲烷吸附等温线，其拟合精度也要优于 Langmuir 方程。但是，在他们的研究中，饱和吸附量与温度有关，这与吸附势理论相悖。吸附势理论表明，对于特定的吸附系统，饱和吸附量应该为一个常数[41]。此外，对于特定的吸附系统，表征吸附剂与吸附质分子相互作用的特征吸附能应与温度无关。这是因为，碳基多孔材料对烃类气体的吸附主要通过色散力作用，而色散力与温度无关[41-43]。因此，吸附势仅是吸附相体积的函数，两者的关系可以用吸附特征曲线来表示[41]。基于吸附特征曲线，可以预测不同温度下的吸附平衡曲线，从而避免了耗时的实验测量。

DR 模型主要用于表征气体在微孔材料上的吸附，如活性炭、木炭等。这些材料的孔隙结构相对比较简单。在 DR 模型的基础上，Dubinin 和 Astakhov[44]引入了一个经验参数来表征多孔材料的非均质性，建立了 DA 模型。因此相对于 DR 模型，DA 模型的适用范围更广。熊健等[45]利用 Dubinin-Astakhov（DA）模型研究了页岩气吸附。他们对不同温度下甲烷吸附等温线进行了拟合，并成功地获得了与温度无关的吸附特征曲线。但是其研究的压力范围较低（0~11MPa），甲烷吸附等温线并未出现极大值。Ren 等[22]优选了吸附相密度经验公式，发展了适用于超临界吸附的 DA 模型，并通过不同温度范围（308~398K）和不同压力范围（0~22MPa）的实验数据对该模型进行了验证。该模型不仅可以拟合等温吸附实验结果，还可以预测不同温度下的甲烷吸附等温线。Ren 等[22]同时也指出，实验温度范围以内的预测结果是可靠的，但是外推必须非常谨慎。

除了上述模型之外，部分学者还采用了密度泛函理论（DFT）[46]和巨正则系综蒙特卡洛模拟（GCMC）[47-50]研究甲烷在页岩上的吸附，这些方法比较复杂且计算耗时，主要用于研究微观条件下的甲烷吸附机理。

二、多组分吸附理论

目前对于多组分吸附的研究集中于低压、中压条件下的吸附系统，吸附剂一般为活性炭、硅胶、活性氧化铝和沸石等。对于页岩，多组分吸附平衡的研究还相对较少。一方面，多组分吸附实验较为繁琐且耗时；另一方面，较单组分而言，多组分吸附的理论研究还不够深入，现有的理论模型具有一定的局限性。多组分吸附模型大致可以分为 6 类：基于 Langmuir 方程的扩展模型、经典热力学模型、统计热力学模型、多组分吸附势模型、Ono-Kondo 格子模型和简化的局部密度模型。

（1）基于 Langmuir 方程的扩展模型。

Langmuir 方程可以很容易地扩展为多组分吸附模型，即扩展的 Langmuir 方程：

$$n_i^{ab} = n_{0,i} \frac{b_i p_i}{1+\sum_{i=1}^{n} b_i p_i} \tag{1.3.2}$$

式中　n_i^{ab}——组分 i 的绝对吸附量，mol/kg；

　　　$n_{0,i}$——组分 i 的饱和吸附量，mol/kg；

　　　b_i——组分 i 的吸附平衡常数，Pa^{-1}；

$n_{0,i}$ 和 b_i 可以通过拟合单组分吸附实验数据得到。因此，基于单组分吸附实验数据，可以预测多组分吸附平衡。扩展的 Langmuir 方程和 Langmuir 方程遵循相同的假设，即均质表面的单分子层吸附。此外，扩展的 Langmuir 方程要求各组分的饱和吸附量相同，以满足热力学一致性[51]，即对于组分 i 和 j，要求 $n_{0,i}=n_{0,j}$。这显然不适用于页岩气吸附系统[52]。

Langmuir-Freundlich 模型同样也可以扩展为多组分吸附模型，即负载比关联式：

$$n_i^{ab} = n_{0,i} \frac{(b_i p_i)^{q_i}}{1+\sum_{i=1}^{n}(b_i p_i)^{q_i}} \qquad (1.3.3)$$

式中　q_i——吸附剂的非均质性。

负载比关联式是一个经验关联式。由于增加了一个拟合参数 q_i，负载比关联式的精度要高于扩展的 Langmuir 方程。同样，Toth 模型[53]和 Nitta 模型[54]也可以扩展为多组分吸附模型。Malek 和 Farooq[55]发现，负载比关联式的精度要高于扩展的 Langmuir 方程、Toth 模型和 Nitta 模型。

（2）经典热力学吸附模型。

经典热力学吸附模型以 Gibbs 等温吸附式为基础。其中最著名的是理想吸附溶液理论（IAST）。IAST 由 Myers 和 Prausnitz[56]提出，该理论将吸附相当作与气相平衡的理想溶液，利用理想溶液中各组分的相平衡规律来处理各组分的吸附平衡。IAST 采用理想溶液的热力学方程来近似吸附相的热力学方程，并分别用铺张压力和吸附剂比表面积代替气体压力和气体体积。基于单组分气体吸附等温线，IAST 可以预测多组分气体吸附平衡。IAST 具有坚实的热力学基础，且只需要单组分吸附实验数据。作为一种预测多组分吸附平衡的经典模型，IAST 在工业界得到了广泛的应用。但是，IAST 假设吸附剂为均质。对于非均质较强的吸附剂，例如阳离子型沸石，IAST 无法给出精确的预测[57]。此外，IAST 将吸附相当作与气相平衡的液体。在超临界条件下，这一假设并不符合实际，因为气体在临界温度以上不能被液化。Valenzuela 等[58]通过引入能量分布来表征吸附剂表面的非均质性，并提出了 HIAST，其主要思路是假设吸附剂表面的能量分布是连续变化的，而局部的能量分布是均匀的。因此可以通过常规的吸附模型（如 Langmuir 方程）来表征局部的吸附平衡，并通过积分求得整个表面的吸附量。但是对于多组分吸附系统，如何选取合理的能量分布是一个问题。当能量分布参数选取不合理时，HIAST 甚至不及 IAST[59]。此外，Qiao 等[60]通过引入孔径分布来表征吸附剂的非均质性，建立了 MPSD-IAST。对于特定的吸附系统,孔径分布只与吸附剂有关,通常采用 Gamma 分布来表征吸附剂的孔径分布。对于 MPSD-IAST,如何合理地确定孔径分布是一个问题,尤其是对于孔隙结构非常复杂的材料,如煤岩、页岩等。此外,孔径分布的引入显著地增加了计算量。

二维状态方程（2D-EOS）也属于经典的热力学模型。2D-EOS 类似于常用的气体状态方程（三维）。2D-EOS 将吸附相流体视为二维非理想压缩气体,并引入表面铺张压力和吸附相表面积的概念。表面铺张压力表征吸附前后气体—固体界面的界面张力之差,它用于代替三维气体状态方程中的气体压力;吸附相表面积则代替三维气体状态方程中的气体体积[61]。2D-EOS 首先通过拟合单组分吸附实验数据确定模型参数。引入混合规则后,2D-EOS 可以预测多组分吸附平衡。Zhou 等对 2D-EOS 进行了系统地研究,提出了通用立方型 2D-EOS[61]。Zhou 等[61]还发现对于多组分吸附平衡,通用立方型 2D-EOS 的预测能力要好于 IAST 和扩展的 Langmuir 方程。Sudibandriyo 等[62]应用通用立方型 2D-EOS 研究了多组分气体在活性炭上的吸附平衡,发现该模型可以很好地关联实验数据。但是该模型包含多个拟合参数,这些参数的物理意义并不明确。Martinez 等[63]基于变阱宽微扰链统计缔合流体理论（SAFT-VR）[64],发展了 2D-SAFT-VR-EOS,并采用 Sudibandriyo 等[62]的实验数据验证了该模型。但是,SAFT-VR 比较复杂,在构建其二维形式时需要一些新的假设条件和复杂的推导,因此 2D-SAFT-VR-EOS 的应用并不广泛。

（3）统计热力学模型。

统计热力学吸附模型的代表是 Ruthven 和其合作者[65-66]提出的 Ruthven statistical 模型（RSM）。RSM 具有严格的理论基础,但是该模型主要针对具有规则孔隙结构的多孔材料,如沸石[65]。沸石具有高度规则的笼状结构单元,因此便于用统计热力学的方法处理。RSM 将吸附空间简化为很多大小相同的笼状结构单元,每个笼状结构单元可以容纳一定数量的吸附质分子。此外,每个笼状结构单元可以视为独立的子系统,即不考虑笼状结构单元之间的相互作用,并采用平均场近似处理吸附剂—吸附质分子相互作用和吸附质分子自身的相互作用。在一定的简化条件下,RSM 可以退化为扩展的 Langmuir 方程。RSM 的最大优点是具有解析形式,计算效率高。此外,RSM 可以根据单组分吸附数据预测多组分吸附平衡。但是,RSM 适用于描述非极性分子在具有规则孔隙的多孔材料上的吸附,如沸石、分子筛等。对于页岩,RSM 并不适用。

上述模型均是针对绝对吸附量建立的。若要应用上述模型计算过剩吸附量,必须对吸附相密度进行估算,但是目前没有一个能够精确计算吸附相密度的方法。

（4）多组分吸附势模型。

吸附势理论由 Polanyi[42]提出,其基本思想为:① 吸附剂表面附近存在吸附引力场,距离吸附剂表面越近，吸附引力越大；② 吸附空间中各点处存在吸附势，吸附势相等的点构成等势面；③ 吸附势是吸附相体积的函数，且与温度无关。但是 Polanyi 没有给出具体的吸附等温式。Dubinin 等[43-44]基于吸附势理论，发展了 Polanyi 吸附特征曲线中亲和系数的概念，建立了体积充填理论，提出了 DR 等一系列吸附模型。严格地讲，DR 模型只适用于单组分气体吸附。Shapiro 和 Stenby[67]提出了多组分吸附势理论（MPTA）。MPTA 可以直接计算过剩吸附量，而无需估算吸附相密度。基于单组分吸附实验数据，MPTA 可以预测多组分吸附平衡。此外，同体积充填理论一样，MPTA 假定吸附势与温度无关。这是因为，简单分子和碳基吸附剂之间的相互作用主要是色散力[43]。同体积充填理论不同的是，MPTA 将吸附相视为非均匀流体，并采用一个单独的势能函数来表征吸附剂对吸附质分子的作用。吸附质分子间的相互作用则采用状态方程描述。需要注意的是，MPTA 采用同一个状态方程描述吸附相流体和体相流体。Shapiro 和 Stenby[67]应用 DA 势能函数表征吸附剂与吸附质分子的相互作用，并应用 SRK 状态方程来表征吸附质分子之间的相互作用，建立了 SRK-MPTA 模型。他们发现 SRK-MPTA 模型可以较好地预测乙烷—乙烯、乙烷—丙烯、乙烯—丙烯、甲烷—乙烯和甲烷—乙烷混合物在活性炭上的吸附平衡。随后，Monsalvo 和 Shapiro[68-69]又将 SRK-MPTA 推广到了超临界混合物和液相混合物。但是他们发现 SRK-MPTA 不能很好地描述临界点附近的吸附平衡。

Bartholdy 等[70]综合比较了扩展的 Langmuir 方程、IAST 和 MPTA。他们发现，扩展的 Langmuir 方程、IAST 和 MPTA 均能很好地描述烃类混合物在低压条件下的吸附平衡。相对于 IAST 和扩展的 Langmuir 方程，MPTA 具有拟合参数少、模型参数与温度无关等优点。此外，MPTA 还适用于描述高压条件下和超临界条件下的多组分吸附平衡。但是对于极性体系，扩展的 Langmuir 方程、IAST 和 MPTA 三者均面临挑战。Bjørner 等[71]引入了结合型状态方程（CPA-EOS）[72]描述吸附质分子之间的相互作用，建立了 CPA-MPTA，将 MPTA 推广到缔合流体混合物。CPA-EOS 是基于 SRK-EOS 建立的。CPA-EOS 保留了立方型状态方程的简洁形式，并引入微扰理论表征流体之间的缔合作用，适用于分子间具有缔合作用的流体[72]。Bjørner 等[71]发现，SRK-MPTA 适用于表征非极性和弱极性分子的吸附平衡，而 CPA-MPTA 适用于表征极性分子的吸附平衡。对于分子间具有缔合作用的体系，CPA-MPTA 要优于 SRK-MPTA。此外，CPA-MPTA 和 SRK-MPTA 不适用于具有规则孔隙结构的吸附剂，如分子筛和沸石。这可能是因为，MPTA 一般采用 DA 势能函数来表征吸附质分子和吸附剂的相互作用。而 DA 势能函数是基于活性炭建立的，因此不适用于具有规则孔隙结构的吸附剂。此外，MPTA 假设吸附相流体为连续相。而沸石具有高度规则的笼状结构单元，每个笼状结构单元只能容纳少量的吸附质分子。由于分子数目较少，热力学量的时间和空间涨落都较大，因此采用统计力学处理更合适[67]。随后，

Nesterov 等[73]尝试将 CPA-MPTA 推广到更复杂的体系，即极性缔合流体混合物。他们认为吸附剂对不同的吸附质分子具有不同的容纳能力，这与吸附质分子大小、极性等因素有关。而原始的 MPTA 没有考虑吸附质分子的差异，并假定吸附剂对不同的吸附质分子具有相同的容纳能力。为了考虑吸附质分子的差异，Nesterov 等[73]对吸附空间进行了分类，认为其中一部分吸附空间为某种吸附质分子独占，而另一部分吸附空间为多种吸附质分子共同占有。但是，他们没有给出相应的分类准则，而是通过拟合实验数据得到了不同的吸附空间。这种处理方法是经验性的，没有直接的物理意义。考虑吸附质分子的差异后，虽然 CPA-MPTA 的精度得到了一定程度的提高。但是，是否需要对吸附空间进行分类及其分类方法还需要进一步研究。

Dong 等[74]采用 PR-MPTA 研究了烃类混合物在纳米孔中的吸附。他们将吸附空间简化为狭缝孔和圆柱孔。其研究发现，对于双组分气体混合物，孔隙壁面处重质组分的含量要高于轻质组分。此外，随着温度的升高，孔内轻质组分的含量升高，而重质组分的含量降低。对于三组分气体混合物，从孔隙壁面到孔隙中心，最轻组分的含量逐渐增加，而最重组分的含量逐渐降低。

（5）Ono-Kondo 模型。

Ono-Kondo（OK）模型最早由 Ono 和 Kondo[75]提出。随后，Donohue 和 Aranovich[76]将 OK 模型应用到了多孔材料吸附的研究。OK 模型将吸附位简化为格子。格子可以被吸附质分子占据，也可以为空。吸附空间常简化为狭缝。OK 模型可以表征单层吸附也可以表征多层吸附。但是需要事先确定吸附层数。一般假设为单层吸附或是通过经验性"试错"的方法来确定吸附层数。基于热力学理论和平均场近似可以导出表征吸附相密度分布的代数方程组。逐层对吸附相密度进行求解，最后得到总的过剩吸附量。OK 模型需要确定吸附质分子的最大密度，如何确定该值没有统一的方法。Sudibandriyo 等[77]采用 OK 模型研究了多组分气体在活性炭和煤岩上的吸附。他们将吸附空间简化为狭缝，即两块平板。此外，他们假设在垂直于平板的方向发生单层吸附。活性炭的孔隙结构相对简单，因此狭缝的假设是合理的。但是，狭缝模型没有考虑吸附剂表面的非均质性。因此，对于天然多孔介质，狭缝模型显得过于简化了。此外，单层吸附的假设也值得商榷。Ottiger 等[78]采用 OK 模型研究了多组分气体在煤岩上的吸附。他们也采用了狭缝模型。不同的是，他们基于煤岩的真实孔径分布将吸附空间划分为微孔、介孔和大孔。不同的吸附空间具有不同的吸附参数和吸附层数，导致 OK 模型的拟合参数也随之增加。因此，孔径分布的引入不但增加了模型复杂程度，也增加了过拟合的风险。

（6）简化的局部密度模型。

简化的局部密度模型（SLD）同样源于 Ployani 的吸附势理论[42]。SLD 最早由

Rangarajan 等[79]提出。他们将吸附空间简化为两块足够大的石墨平板，即狭缝模型，并假设在垂直于板的方向发生多层吸附。其中，吸附相为非均匀流体。平板间任意一点的化学势可分为两个部分，即吸附质—吸附质相互作用产生的化学势和吸附剂—吸附质相互作用产生的化学势。Rangarajan 等采用 Steele 势能函数[80]描述吸附剂与吸附质分子的相互作用，采用 van der Waals 状态方程描述吸附质分子之间的相互作用。同 MPTA 一样，SLD 也可以直接计算过剩吸附量，其模型参数也是与温度无关的。此外，引入混合规则后，SLD 也可以直接推广到多组分气体。和 MPTA 不同的是，SLD 采用了修正的状态方程来描述吸附相。一般对状态方程的引力项进行修正，修正过程涉及计算吸附系统的引力势。对于立方型状态方程，可以得到修正项的解析表达式。但是，对于非立方型状态方程，引力势的计算会非常复杂。正因为如此，SLD 一般采用立方型状态方程表征吸附质分子间的相互作用。

Fitzgerald 等[81]应用 Peng-Robinson 状态方程[82]（PR-EOS）描述吸附质分子之间的相互作用，建立了 PR-SLD。但是他们发现 PR-SLD 并不能很好地描述超临界 CO_2 在活性炭上的吸附，尤其是在高压条件下。因此，他们引入了一个经验参数修正 PR-EOS 的引力项，该参数的引入提高了模型拟合精度。但是，该参数不具有物理意义。此外，该参数不仅与吸附剂有关，还与吸附质分子有关。因此，该参数的引入会增加模型拟合参数，进而增加过拟合的风险。随后，Fitzgerald 等[83]将 PR-SLD 推广到多组分气体，并采用多组分气体在活性炭和湿煤上的吸附实验数据验证了该模型。Mohammad 等[84]测定了单组分气体和混合物在湿煤上的吸附，实验温度为 319.3K，最高实验压力为 12.4MPa。基于这些实验数据，他们测试了 PR-SLD。其研究发现：PR-SLD 的预测值在实验误差的两倍以内。最近，一些研究者[85-86]应用 PR-SLD 研究超临界甲烷在页岩上的吸附，但是他们的研究都仅限于单组分（甲烷）的情况。

Yang 和 Lira[87]将孔径分布引入 SLD，并采用 Elliott-Suresh-Donohue 状态方程[88]（ESD-EOS）描述吸附质分子间的相互作用，建立了 ESD-SLD。他们将吸附空间简化为一系列尺寸不同的狭缝孔，并采用 Gamma 分布来描述孔径分布，Gamma 分布参数通过拟合单组分吸附实验数据得到。基于拟合得到的孔径分布，ESD-SLD 较好地预测了低压条件下（<6MPa）多组分气体在活性炭上的吸附平衡。此外，他们还发现，孔隙尺寸的增大会减弱吸附剂和吸附质分子的相互作用，导致低压条件下吸附量减少；大孔可以容纳更多的吸附质分子，导致高压条件下吸附量增加。孔径分布的引入虽然提高了预测精度，但是增加了 6 个拟合参数，同时显著地增加了计算量。此外，拟合得到的孔径分布不能完全反映吸附剂真实的孔径分布。

第二章 页岩储集空间特征

页岩属于超致密储层，纳米级孔隙普遍发育。页岩孔隙结构对页岩气赋存有重要影响。本章以龙马溪组和延长组页岩样品为研究对象，综合应用氩离子抛光—扫描电镜技术、X 射线衍射分析、低温液氮吸附法等技术手段，研究了页岩的孔隙类型、孔隙形貌、比表面积、孔隙体积、孔径大小和分布，并分析了页岩孔隙结构的主控因素。

第一节 页岩矿物组成及有机碳含量

页岩矿物组成和有机碳含量的测定参照标准《沉积岩中黏土矿物和常见非黏土矿物 X 射线衍射分析方法》（SY/T 5163—2018）和《沉积岩中总有机碳测定》（GB/T 19145—2022）。实验样品取自四川盆地龙马溪组露头页岩和鄂尔多斯盆地延长组露头页岩。采用 D/max 2500 型 X 射线衍射仪分析样品的矿物组成，分析结果见表 2.1.1。从表 2.1.1 中可以看出，龙马溪组页岩样品的矿物组成以石英为主（平均含量为 51.07%），其次为黏土矿物（平均含量为 19.84%）。此外，还含有一定量的钾长石、斜长石、方解石、白云石和黄铁矿等。

表 2.1.1 页岩样品的 XRD 分析结果

样品编号	矿物含量 /%						
	石英	钾长石	斜长石	方解石	白云石	黄铁矿	黏土矿物
L-1	64.9	0.8	3	1.1	4.6	5.2	20.4
L-2	51	2.3	5.3	3.8	4.7	4.5	28.4
L-3	70.2	0	1.3	9.1	6.7	1.9	10.8
L-4	20.5	0.3	1	25.6	36.5	3.5	12.6
L-5	53.8	1.9	6.1	3	4.8	3.6	26.8
L-8	57.2	1.8	5.7	3.3	8.4	5.3	18.3
L-9	55.6	1	5	3.4	10	5.1	19.9
L-10	35.1	0.1	0.9	18.8	26.1	3.4	15.6

续表

样品编号	矿物含量 /%						
	石英	钾长石	斜长石	方解石	白云石	黄铁矿	黏土矿物
L-11	51.3	2.2	6	6.5	4.3	3.9	25.8
Y-6	37.8	4.4	18.4	0	2.3	0	37.1
Y-7	32.9	6.7	20.9	0	1	0	38.5

注：L 代表龙马溪组；Y 代表延长组。

延长组页岩样品的矿物组成以黏土矿物、石英和斜长石为主，其中黏土矿物平均含量为 37.8%，石英平均含量为 35.35%，斜长石平均含量为 19.65%。

此外，采用 LECO CS-230 碳硫分析仪分析样品的有机碳含量。龙马溪组页岩样品的有机碳含量在 2.15%~5.71% 之间，均值为 3.96%。其中有机碳含量大于 3.5% 的样品有 6 个，有机碳含量小于 3.5% 的样品有 3 个。延长组页岩样品的有机碳含量在 0.36%~0.37% 之间。相对于龙马溪组页岩样品，延长组页岩样品的有机碳含量较低。

第二节 页岩孔隙结构特征

一、主要孔隙类型

利用扫描电镜可以直接观测页岩的孔隙形貌。扫描电镜实验是在能源材料微结构实验室完成的，测试仪器为日立 SU8010 冷场发射扫描电镜，该仪器在 1kV 减速模式下最高分辨率可达 1.1nm。为了获得平整、光滑的表面，实验前先对样品进行了氩离子抛光处理。氩离子抛光技术不会对样品造成机械损害，可以得到高质量的样品。该技术采用氩离子束轰击样品表面，对样品进行逐层剥蚀而达到抛光的效果。

扫描电镜的观测结果如图 2.2.1 至图 2.2.6 所示。龙马溪组页岩样品中纳米级孔隙普遍发育，孔隙形貌复杂，一般为近圆形或狭缝形，孔隙类型也具有多样性。邹才能等[89]研究了四川盆地寒武—志留系页岩中的孔隙，并基于场发射扫描电镜的观测结果，将页岩纳米级孔隙分为有机质纳米孔、颗粒内纳米孔和微裂缝。薛冰等[90]研究了黔西北地区下志留统龙马溪组页岩中的孔隙，并将其分为基质孔隙（包括有机质孔和无机质孔）和裂缝孔隙。基于上述两种分类方案，并结合龙马溪组页岩的特点，我们将页岩孔隙分为有机质孔、无机质孔和微裂缝。

（1）有机质孔：有机质孔在页岩基质中呈非连续分布（图 2.2.1），具有高度分散的特点，连通性较差，孔径为纳米级[91]。有机质孔发育于有机质内部，如图2.2.2（a）所示。此外，部分有机质孔发育于有机质与黏土矿物的交界面处，如图2.2.2（b）所示。Yang等[92]和Curtis等[93]发现，与黏土矿物伴生的有机质中普遍发育有机质孔。有机质孔的形成与生烃演化过程有关。在生烃演化过程中，有机质逐渐被消耗并转化为烃类，导致有机质内部产生有机质孔[94]。因此，在生烃演化过程中，与有机质伴生的黏土矿物可能充当了催化剂。

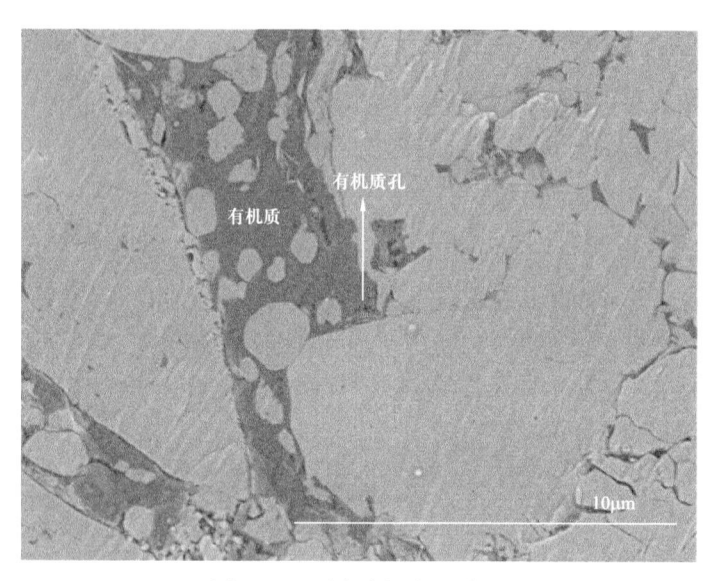

图2.2.1 页岩中的有机质孔

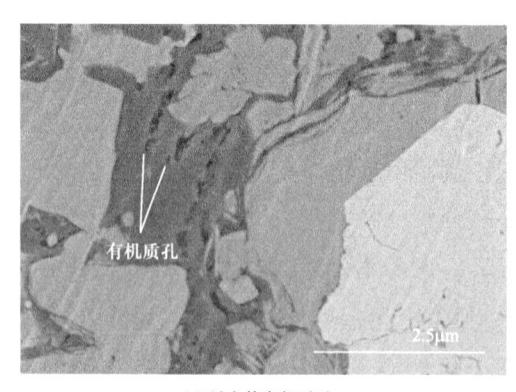

(a) 孤立的有机质孔

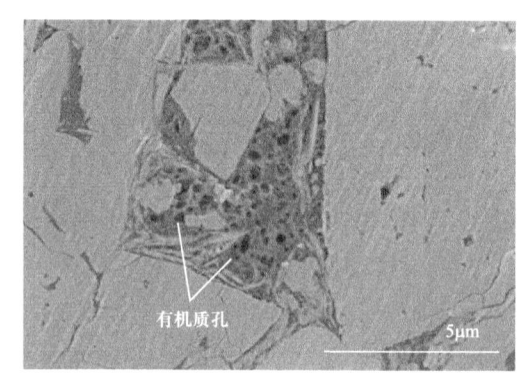

(b) 与黏土矿物伴生的有机质孔

图2.2.2 发育于不同位置的有机质孔

（2）无机质孔：龙马溪组页岩样品黏土矿物含量较高，黏土矿物多呈纤维状、板片状产出，其中发育粒内孔，如图2.2.3所示。龙马溪组页岩样品中还常见黄铁矿莓状体，其中发育晶间孔，如图2.2.4所示。此外，无机质孔还包括粒间孔、溶蚀孔和化石孔等[95]。

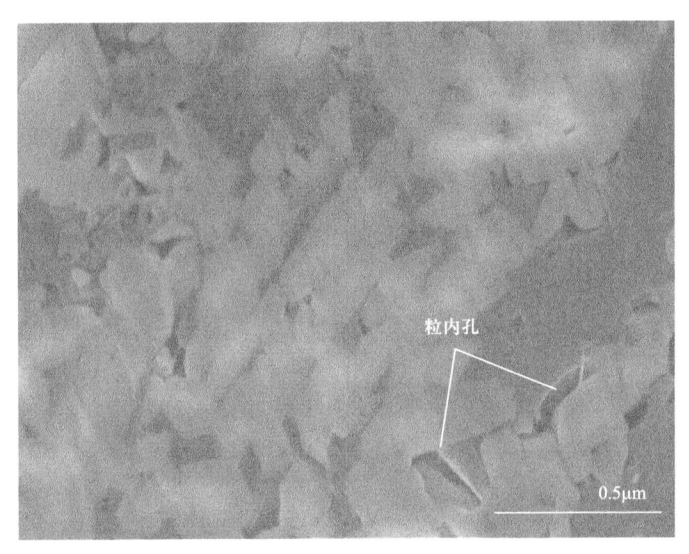

图 2.2.3 黏土矿物层间粒内孔

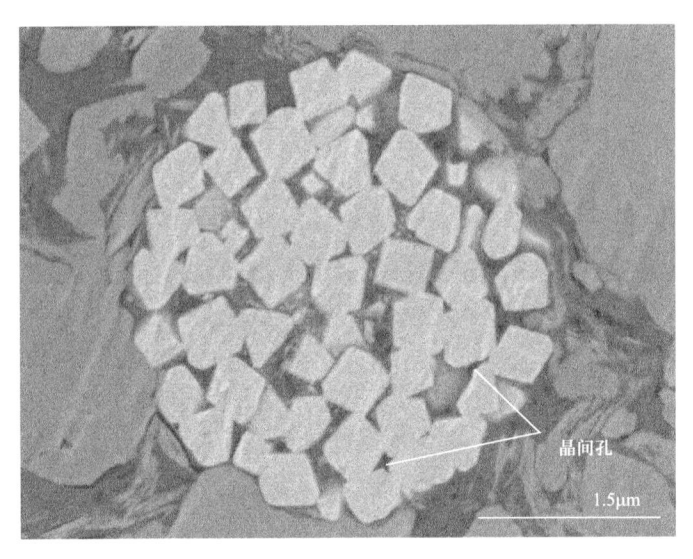

图 2.2.4 莓状黄铁矿内的晶间孔

（3）微裂缝：本次实验不仅在无机质中观察到了微裂缝（图 2.2.5），还在有机质和无机质的交界处观察到了微裂缝（图 2.2.6）。微裂缝不仅能增加页岩基质渗透率，还能沟通微观孔隙和宏观裂缝。因此，微裂缝对页岩气渗流有重要影响。

二、孔径大小及分布

为了实现页岩孔隙结构的定量表征，我们采用低温液氮吸附法研究了页岩的孔隙体积、孔径大小和分布。低温液氮吸附实验采用 Autosorb-iQ 全自动比表面和孔径分布分析仪进行。实验前，在 423.15K 的高温下对样品进行了 3h 的抽真空处理。随后，以高纯度氮气为吸附质，测定了不同相对压力下的页岩吸附量，实验温度为77K。实验得到的吸附—脱附等温线如图 2.2.7 和图 2.2.8 所示。从整体上看，氮气吸附等温线呈反 S 形，在低压段时，吸附等温线表现为微向上凸的曲线，说明页岩样品中存在微孔和介孔；在中间段，随着相对压力的增加，吸附量缓慢增加，表现为多层吸附的特征；在高压段，吸附量迅速增加，在相对压力接近于 1 时未出现饱和吸附，说明页岩样品中含有一定数量的大孔或微裂缝[90]。此外，在相对压力较高时，页岩样品的吸附等温线和脱附等温线发生分离，形成滞回环。滞回环的存在说明页岩样品中存在开放型孔隙。

图 2.2.5　无机质内的微裂缝

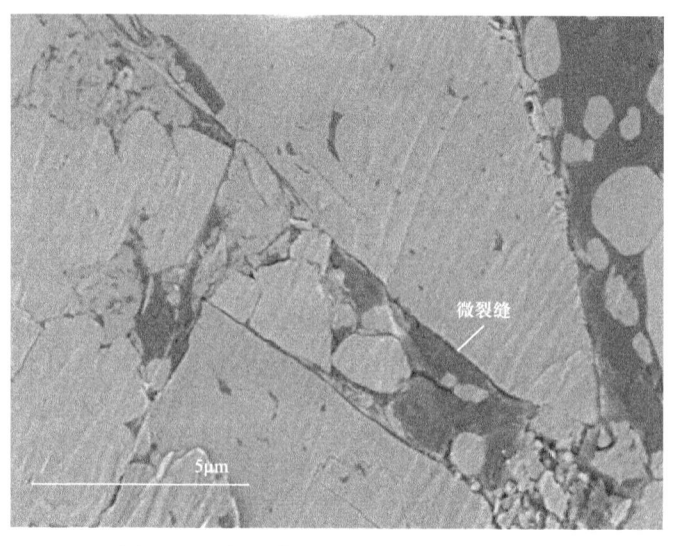

图 2.2.6　有机质和无机质交界处的微裂缝

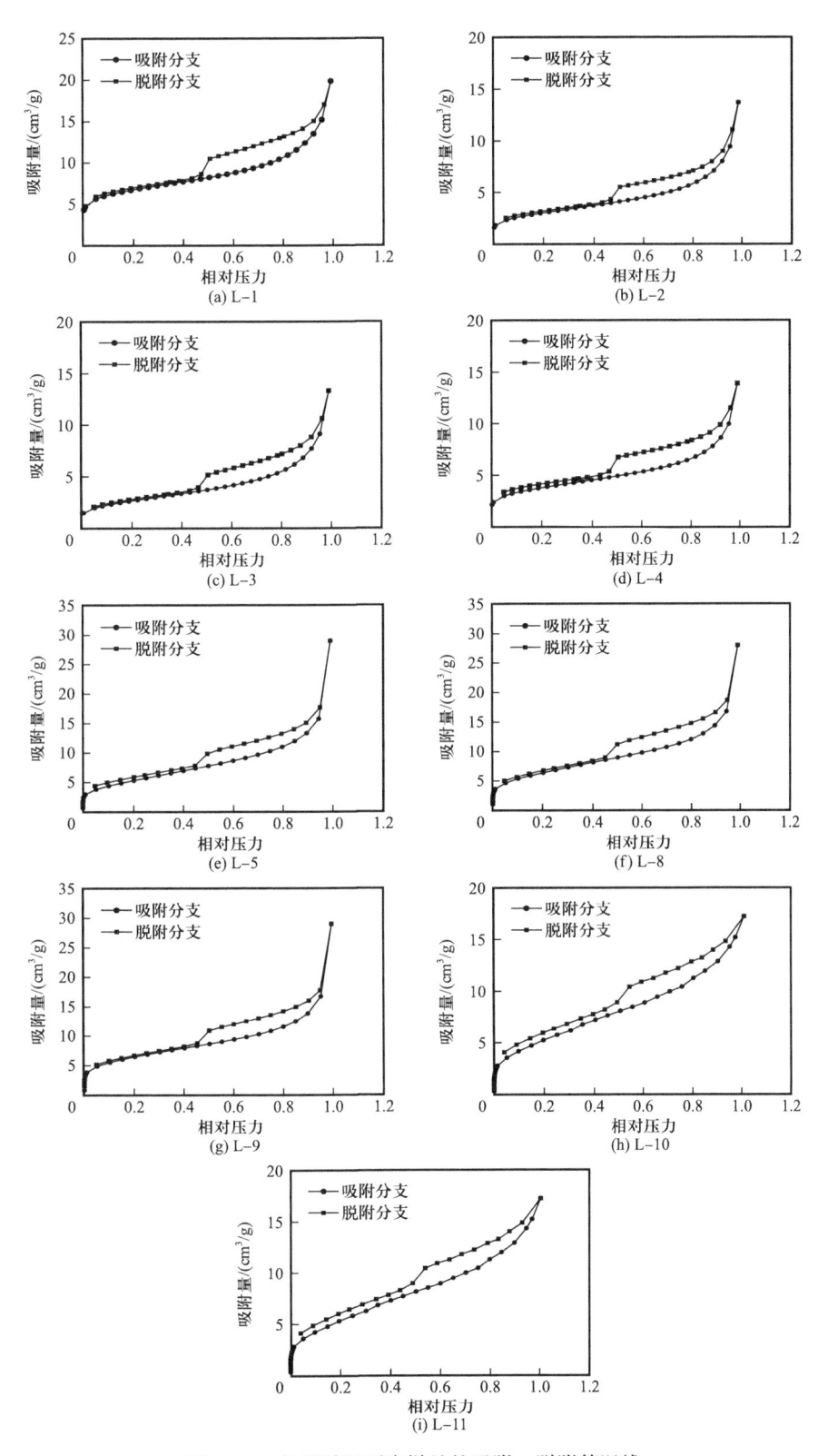

图 2.2.7 龙马溪组页岩样品的吸附—脱附等温线

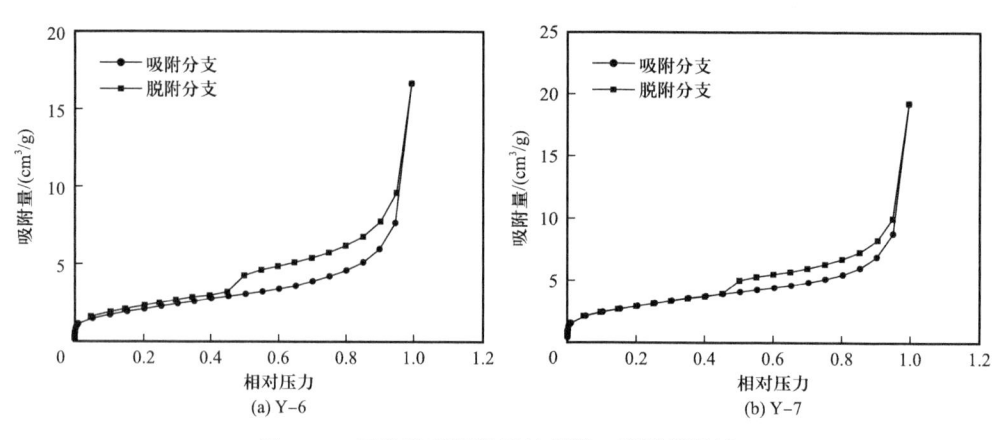

图 2.2.8　延长组页岩样品的吸附—脱附等温线

根据滞回环的形状特征，可以将其分为不同类别，通常参考国际纯粹与应用化学联合会（IUPAC）的分类标准。2015 年，IUPAC 对原来的分类标准进行了修订，新的标准将滞回环分为 6 类[19]：H1 型、H2（a）型、H2（b）型、H3 型、H4 型和 H5 型，如图 2.2.9 所示。样品 L-11 和 L-1 的滞回环与 H4 型类似，H4 型对应片状颗粒堆积形成的狭缝孔。其余样品的滞回环与 H3 型相似，兼具 H4 型的特征，H3 型对应层状结构产生的狭缝孔。需要注意的是，页岩孔隙结构复杂，其孔隙形貌具有多样性，因此相应的滞回环是多种类型的复合。

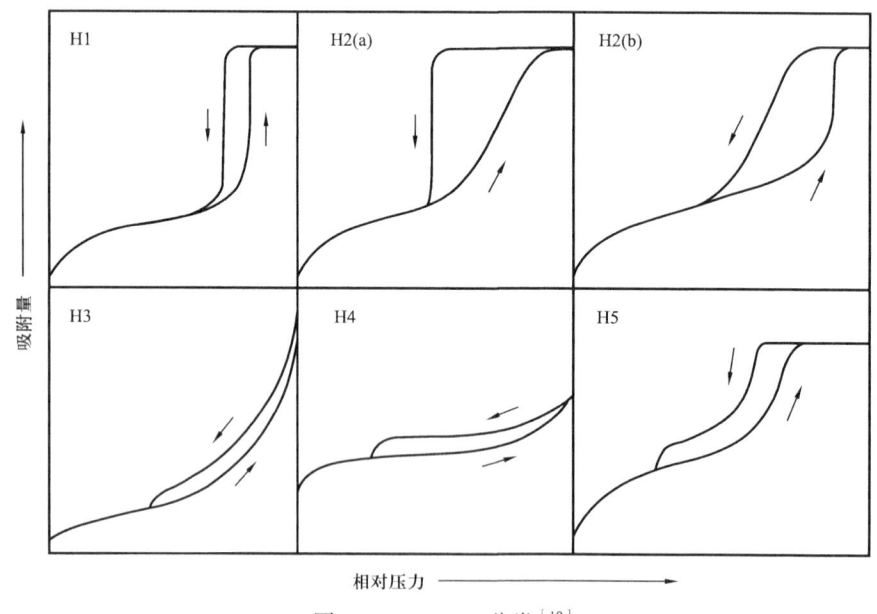

图 2.2.9　IUPAC 分类[19]

低温液氮吸附法测得的比表面积、孔隙体积、平均孔隙直径和微孔体积见表 2.2.2。其中，比表面积由多点 BET 法计算得到，孔隙体积取相对压力为 0.99 时氮气吸附量的冷凝值，微孔体积由 Horvath-Kawazoe 法计算得到。从表 2.2.1 可以看出，龙马溪组页岩样品的比表面积为 7.92~23.08m²/g，平均为 16.13m²/g。延长组页岩样品的比表面积为 7.78~10.67m²/g，平均为 9.224m²/g。而致密砂岩的比表面积为 0.62~6.49m²/g[96-97]。相对于致密砂岩，页岩的比表面积较大，有利于气体吸附。

表 2.2.1　页岩样品的比表面积、孔隙体积、平均孔隙直径和微孔体积

样品编号	比表面积/(m²/g)	孔隙体积/(cm³/g)	平均孔隙直径/nm	微孔体积/(cm³/g)
L-1	22.84	2.27×10^{-2}	3.97	4.59×10^{-3}
L-2	10.52	1.38×10^{-2}	5.23	7.66×10^{-4}
L-3	9.83	1.34×10^{-2}	5.44	3.19×10^{-4}
L-4	12.93	1.46×10^{-2}	4.50	1.59×10^{-3}
L-5	19.19	4.50×10^{-2}	9.38	1.17×10^{-2}
L-8	22.98	4.35×10^{-2}	7.57	6.44×10^{-3}
L-9	23.08	4.50×10^{-2}	7.80	6.77×10^{-3}
L-10	7.92	2.84×10^{-2}	14.35	1.70×10^{-3}
L-11	15.9	2.66×10^{-2}	6.69	8.32×10^{-3}
Y-6	7.78	2.58×10^{-2}	13.25	2.15×10^{-3}
Y-7	10.67	2.98×10^{-2}	11.17	2.40×10^{-3}

注：L 代表龙马溪组；Y 代表延长组。

此外，龙马溪组页岩样品的孔隙体积为 1.34×10^{-2}~4.50×10^{-2}cm³/g，平均为 2.81×10^{-2}cm³/g；微孔体积为 3.19×10^{-4}~1.17×10^{-2}cm³/g，平均为 4.69×10^{-3}cm³/g；微孔体积对孔隙体积的平均贡献为 14.69%。延长组页岩样品的孔隙体积为 2.58×10^{-2}~2.98×10^{-2}cm³/g，平均为 2.78×10^{-2}cm³/g；微孔体积为 2.15×10^{-3}~2.40×10^{-3}cm³/g，平均为 2.27×10^{-3}cm³/g；微孔体积对孔隙体积的平均贡献为 8.19%。延长组页岩样品的孔隙体积同龙马溪组页岩样品的孔隙体积相近，而延长组页岩样品的微孔体积小于龙马溪组页岩样品的微孔体积。

页岩样品的比表面积与有机碳含量具有很好的正相关性，如图 2.2.10 所示，这说明有机质孔贡献了较大的比表面积。Yang 等[98]也发现比表面积与有机碳含量呈正相关。龙马溪组页岩样品的平均孔隙直径为 3.97~14.35nm；延长组页岩样品的平均孔隙直径为 11.17~13.25nm。从整体上看，页岩样品的平均孔隙直径与有机碳含量呈负相关，如图 2.2.11 所示，这与 Yang 等[98]的结论相同。

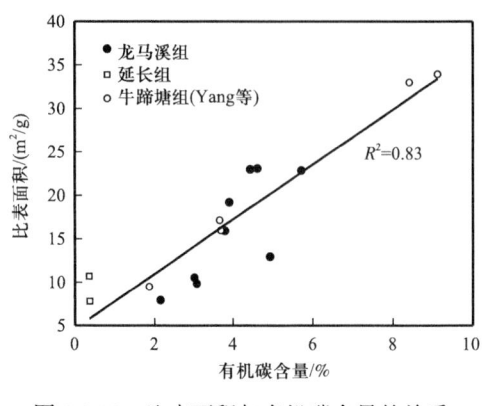

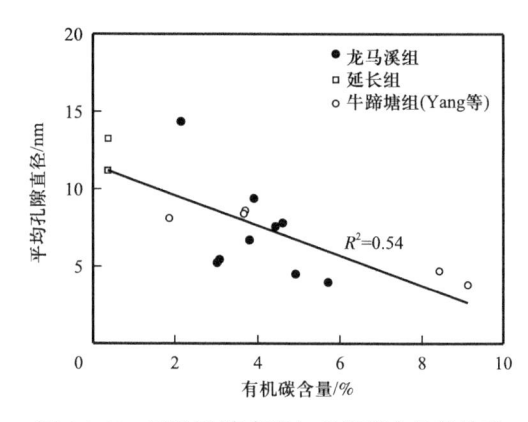

图 2.2.10　比表面积与有机碳含量的关系　　图 2.2.11　平均孔隙直径与有机碳含量的关系

页岩样品的平均孔隙直径—有机碳含量—比表面积的关系如图 2.2.12 所示。从整体上看，页岩样品的平均孔隙直径随有机碳含量的增加而降低，而比表面积随有机碳含量的增加而增加。这是因为，有机质内发育大量微孔，随着有机碳含量的增加，微孔数量增加，从而导致平均孔隙直径减小。此外，较小的孔隙可以提供更大的比表面积。这是因为，将一个大孔隙分为若干个小孔隙后，小孔隙的比表面积之和大于大孔隙的比表面积。因此，随着微孔数量的增加，比表面积增大。

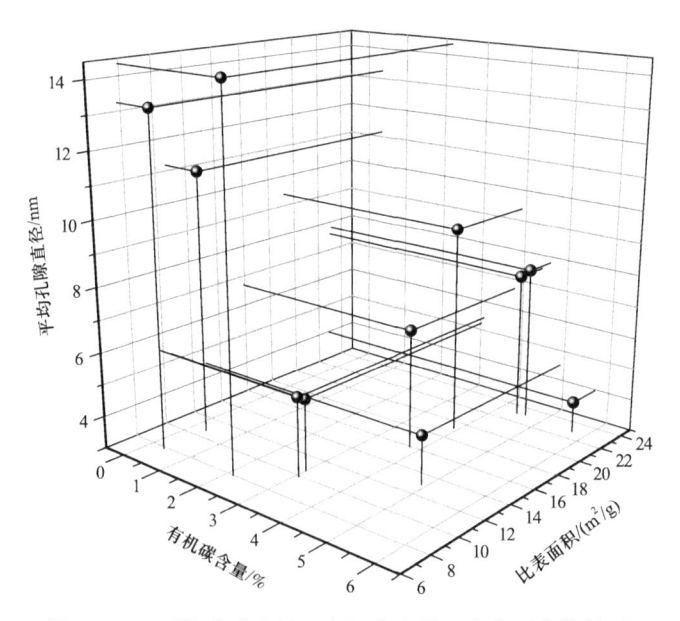

图 2.2.12　平均孔隙直径—有机碳含量—比表面积的关系

基于 Barrett-Joyner-Halenda（BJH）法计算得到的孔径分布曲线如图 2.2.13 所示。这里计算孔径分布采用的是吸附等温线，而非脱附等温线。若采用脱附等温线计算孔径分布，可能在 4nm 处会得到一个假峰，这是由于张力强度效应所致，采用吸附等温线则可以避免这个问题[99]。从图2.2.13中可以看出,页岩样品的孔隙以微孔和介孔为主。当孔径大于20nm后,孔径分布曲线缓慢下降,说明孔径大于20nm的孔隙较少。页岩样品的最大孔径为30.84~233.24nm,最小孔径为1.43~1.74nm。

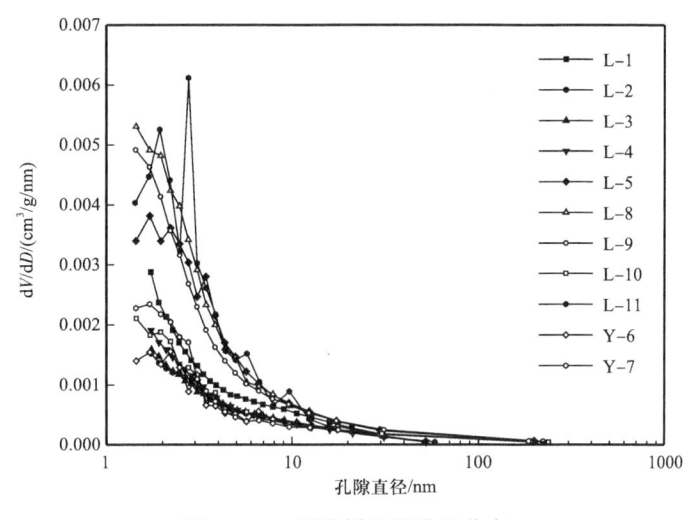

图2.2.13 页岩样品的孔径分布

第三章 甲烷在干燥页岩中的吸附

本章利用分子模拟方法，采用干酪根代表页岩有机质，建立了干酪根分子模型，研究了微观条件下甲烷在干燥页岩中的吸附行为，明确了甲烷在干燥页岩中的吸附特征。进一步针对工程尺度下的页岩气储量评价、生产动态模拟等需求，分析了现有甲烷吸附理论模型的不足，并发展了一个相对简单且具有明确物理意义的甲烷吸附理论模型。

第一节 甲烷吸附行为的分子模拟

一、分子模拟方法介绍

分子模拟是一种计算化学方法，它使用数学模型和计算机模拟来研究分子系统的结构和行为，进而计算分子体系的物理化学性质，如能量、反应性、动力学和稳定性等。分子模拟法也被称作"计算机实验"方法，它能够模拟实际的物理和化学实验过程，让科学家能够在计算机上进行实验，观察和分析分子的行为。它可以突破常规实验条件的限制，如精确控制温度/压力等实验条件、模拟原子和分子在微观尺度上的行为，还可以节省大量的材料、设备和人力成本，降低开发、研制成本，尤其是对于危险或难以合成的化合物。此外，分子模拟可以用来测试科学假设，预测实验结果，指导实验设计，还可以用来解释实验数据，并与实验结果相互验证。总的来说，分子模拟作为一种计算机实验方法，为科学研究提供了一个强大的工具，可以模拟和理解分子层面的复杂现象，加速科学发现和技术创新。在当今计算机科学技术迅猛发展的大背景下，分子模拟已经崛起为现代科学研究中一个极为活跃和关键的领域。这一前沿技术正日益受到广大科研工作者的青睐，并被广泛应用于各个科学探究领域，展现出其独特的价值和潜力。

分子模拟法是现代计算机技术的集大成者，它融合了多种理论和方法，主要分为两大类，第一类是量子力学模拟方法，它基于量子力学原理，包括半经验分子轨道法、密度泛函理论等。这些方法能够精确描述分子的电子结构和化学键，但计算量较大，对计算资源的要求较高；第二类是经典力学模拟方法，这一类方法基于物理中的牛顿力学原理,包括分子力学模拟、蒙特卡洛模拟、分子动力学模拟和布朗动力学模拟等,这些方法侧重于描述分子的宏观运动和热力学性质,计算量相对较小。其中,蒙特卡洛方法是一种基于随机抽样的计算技术,广泛应用于分子模拟中,尤其是在统计力学和热力学性质的计算上。蒙特卡洛方法通过随机地移动体系中的粒子,从而建立大量的体系结构模型,然后按照热力学公式对这些模型进行统计平均计算,从而得到体系模型的微观参量,然后在这些微观参量的基础上推导出体系的宏观性质。分子动力学模拟主要是依靠经典力学的基本原理来模拟分子体系的运动,然后在由分子体系的不同状态构成的系统中抽取样本,并计算体系的构型积分,最后基于计算得到的构型积分来计算体系的热力学量和其他宏观性质。

二、干酪根分子模型的构建

对于页岩气吸附起主要贡献的是有机质和黏土矿物,其中有机质对甲烷的吸附能力强于黏土矿物,因此这里首先利用分子模拟方法研究了甲烷在有机质中的吸附。页岩有机质的主体骨架是干酪根。干酪根源于有机质,有机质是地球沉积物中的生命物质残留,而干酪根则是这些有机质经过长时间的地质作用转化而成的一种高分子有机物质。对于页岩气吸附分子模拟,一般采用干酪根来代表页岩有机质。干酪根的成分结构复杂,没有固定化学式和分子结构[100-101],但一般根据干酪根中C、O、H元素比例,将其划分为3种类型[102]:

(1) Ⅰ型干酪根,又称腐泥型干酪根,主要来源于藻类物质的选择性聚集,以及受微生物改造的分散有机质;其成分中氢碳比较高(H/C>1.5),氧碳比较低(O/C<0.1),链式结构多,特别富含类脂化合物;生油潜力大,是成油的主要母质,但在自然界中分布不普遍。

(2) Ⅱ型干酪根,又称混合型干酪根,主要来源于小到中的浮游植物及浮游动物,富含脂肪链及饱和环烷烃,也含有多环芳香烃及杂原子官能团;H/C较高,为1.3~1.5,O/C较低,为0.1~0.2;生油潜能中等。

(3) Ⅲ型干酪根,又称腐殖型干酪根,主要来源于陆地高等植物,富含多环芳香烃和官能团,脂肪键被连结在多环网格结构上;氢碳比较低(H/C<1.0),氧碳比较高(O/C为0.2~0.3);生成液态石油的潜能较小,但埋藏足够深度时,可成为有利的生气来源。

四川龙马溪组海相页岩干酪根类型主要为Ⅰ型和Ⅱ型,以Ⅱ型为主。龙马溪组为陆棚环境,有机质来源于浮游生物,页岩储层干酪根类型与北美典型页岩气藏相一致,也为海相成因干酪根。美国Barnett页岩与龙马溪组页岩有机质干酪根相同。美国的干酪根类型主要为Ⅰ型和Ⅱ型,部分为Ⅲ型。我国南方海相黑色页岩以Ⅰ型和Ⅱ型干酪根为主,北方陆相含煤炭质页岩则以Ⅲ型为主，均具有较好的资源潜力[103]。

Ungerer等[100]根据Kelemen等[104]对不同类型干酪根的实验数据建立了3种类型的干酪根分子模型（$C_{251}H_{385}O_{13}N_7S_3$、$C_{252}H_{294}O_{24}N_6S_3$和$C_{233}H_{204}O_{27}N_4$，见表3.1.1）。他们还运用半经验量子化学方法验证了这些模型的有效性，其结果得到了学术界的广泛认可和应用。因此，这里选用Ungerer等建立的3种干酪根分子模型，通过分子模拟研究甲烷在不同类型干酪根中的吸附特性，并分析其影响因素。

表3.1.1 干酪根模型参数

干酪根模型	Ⅰ	Ⅱ	Ⅲ
H/C	1.53	1.17	0.886
O/C	0.052	0.095	0.116
N/C	0.028	0.024	0.017
S/C	0.012	0.012	0
芳香碳 /%	29	41	57
每个碳簇中碳平均个数	14.6	11.4	16.5
质子芳香碳（每100C）	6.3	14	0.18
C=O 中氧（每100C）	4.0	5.2	0
⁻COOH 中氧（每100C）	0.8	1.6	2.4

建立的3种干酪根分子模型如图3.1.1所示。分别选取10个分子构建密度为1.0g/cm³的无定型晶胞，3种晶胞的边长分别为3.983nm、4.011nm、3.870nm，如图3.1.2所示。分子间的相互作用势能（范德华相互作用）采用经典的Lennard-Jones势能函数表征，因此范德华力与库仑力的综合作用势能可以表示为：

$$E_{ij} = \sum_{i,j} \varepsilon_{ij} \left[2\left(\frac{r_{ij}^0}{r_{ij}}\right)^9 - 3\left(\frac{r_{ij}^0}{r_{ij}}\right)^6 \right] + \frac{q_i q_j}{4\pi\varepsilon_0 r_{ij}} \quad (3.1.1)$$

式中 E_{ij}——相互作用能，kJ/mol；

ε_{ij}——势阱，kJ/mol；

r_{ij}^0——势能为零时两原子距离，nm；

q_i，q_j——i原子与j原子电荷量，C；

ε_0——介电常数，F/m，取8.854×10^{-12}F/m。

对于不同种原子对之间的参数r_{ij}、ε_{ij}，在同种原子对参数r^0、ε的基础上，采用6次方计算不同种原子对的参数：

$$r_{ij}^0 = \left[\frac{\left(r_i^0\right)^6 - \left(r_j^0\right)^6}{2}\right]^{1/6} \tag{3.1.2}$$

$$\varepsilon_{ij} = 2\left(\varepsilon_i \varepsilon_j\right)^{-1/2} \left[\frac{\left(r_i^0\right)^3 \left(r_j^0\right)^3}{\left(r_i^0\right)^6 \left(r_j^0\right)^6}\right] \tag{3.1.3}$$

式中　r_{ij}——i 和 j 原子间距离，nm；
　　　r_i^0，r_j^0——分子 i，j 的碰撞直径，nm；
　　　ε_i，ε_j——分子 i，j 势阱，kJ/mol。

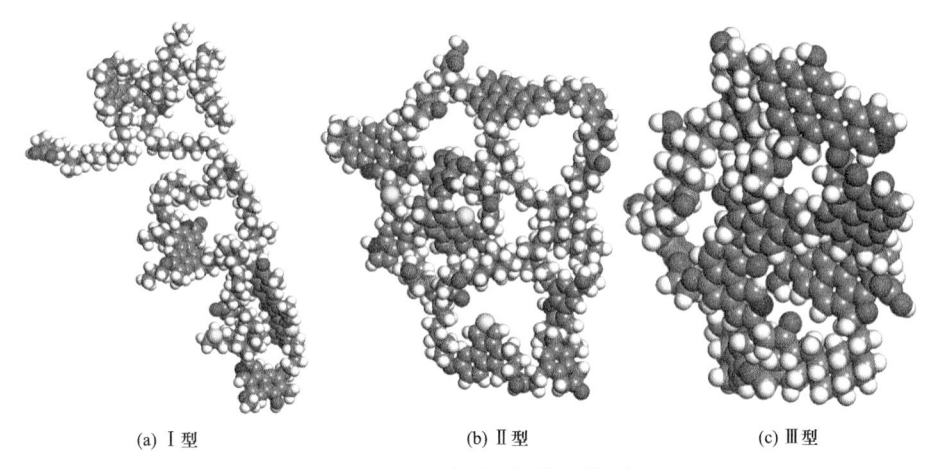

(a) Ⅰ型　　　　(b) Ⅱ型　　　　(c) Ⅲ型
图 3.1.1　页岩干酪根分子模型

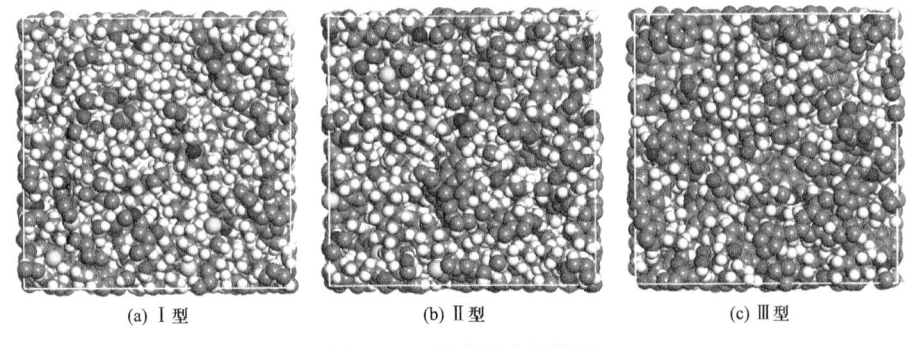

(a) Ⅰ型　　　　(b) Ⅱ型　　　　(c) Ⅲ型
图 3.1.2　页岩干酪根模型

模拟过程中干酪根分子固定不动。模拟过程中干酪根密度与平衡时间的关系如图 3.1.3 所示，干酪根密度约为 1.125g/cm³，与干酪根实验测得结果 1.0～1.15g/cm³ 一致。

图 3.1.3　Ⅰ型干酪根密度与平衡时间的关系

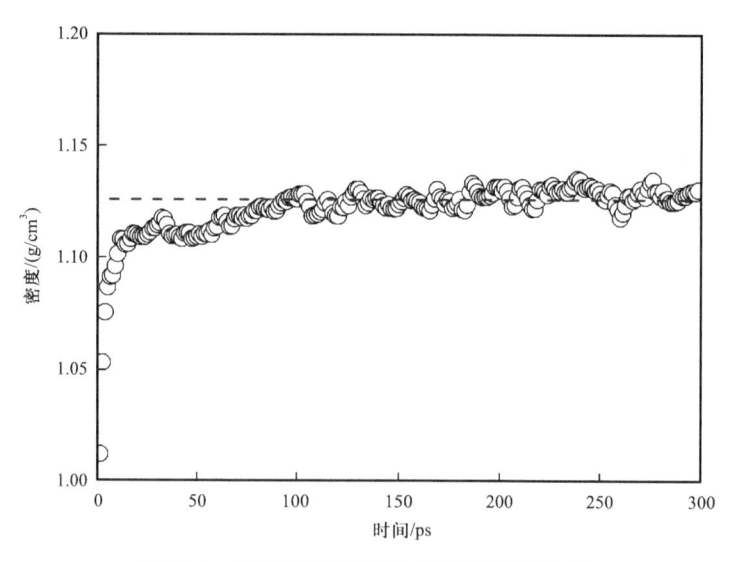

三、甲烷在干燥页岩中的吸附特征

基于 Materials Studio 软件 Sorption 模块，采用巨正则蒙特卡洛（GCMC）方法和分子动力学（MD）方法，模拟甲烷在干酪根中的吸附行为，以研究甲烷在干燥页岩中的吸附特征。模拟体系采用周期性边界条件，模拟温度 298~428K，最高压力 30MPa，模拟过程中干酪根分子固定不动。模拟过程中采用恒温定压逐点计算。力场选择 COMPASS 力场[105]，静电相互作用采用 Ewald 求和方法计算，范德华相互作用采用 Atom based 求和方法计算。非键截断半径设置为 1.55nm。在 GCMC 模拟中，每个数据点前 $1×10^7$ 步用于吸附平衡，后 $1×10^7$ 步用于平衡后吸附量的数据统计。MD 模拟方法采用 Andersen 热浴控温，在固定分子数目且定体积定温度条件下（NVT 系综）模拟 0.5ns 使体系达到平衡，然后在固定分子数目且定体积定能量条件下（NVE 系综）模拟 1ns 用于收集数据统计分析。

模拟得到的 3 种类型干酪根在温度为 298K 下的等温吸附线，如图 3.1.4 所示。从图中可以看出，3 种干酪根中甲烷的绝对吸附量均随着压力增大而增加。压力为 30MPa 时，甲烷在 3 种干酪根中吸附量分别为 3.18mmol/g、4.64mmol/g 和 6.31mmol/g。因此，相同压力下，甲烷吸附量大小关系为Ⅰ型＜Ⅱ型＜Ⅲ型，这与前人研究结果一致[106-107]。这是因为，页岩有机质的化学结构对吸附起重要作用，从Ⅰ型干酪根到Ⅲ型干酪根，芳香烃含量逐渐增加，而脂肪烃和环烷烃含量逐渐减少[101]，富含芳香族的Ⅲ型干酪根对甲烷具有更强的亲和力[108]。甲烷在Ⅲ型干酪根中的吸附量约为Ⅰ型干酪根中的 2.0 倍，表明甲烷更易吸附在以多环芳香烃和含氧官能团为主的Ⅲ型干酪根中。此外，尽管 3 种干酪根具有相似化学式，但是Ⅰ型干酪根中具有较多直连烷烃，与Ⅱ型、Ⅲ型干酪根相比，分子结构中支链较多，范德华力较小，甲烷在Ⅰ型干酪根中的吸附量最小。Ⅲ型干酪根的构成以多环芳香烃及含氧官能团为主，支链较少，范德华力较大，因此甲烷在Ⅲ型干酪根中的吸附量最大。不同温度下的模拟结果如图3.1.5所示。模拟结果显示：随着温度的升高，甲烷在干酪根中的绝对吸附量逐渐减小。温度升高加剧了甲烷分子的热运动，甲烷分子吸附和解吸的速度均增大。但由于吸附是放热过程，解吸是吸热过程，因此解吸速度增加更为显著，即温度升高更有利于解吸过程的进行，使已吸附的分子脱离固体表面。同时，由于气体分子在固体表面积蓄的分子数取决于与固体表面碰撞的分子数以及分子在固体表面停留的时间，在压力相同条件下，温度升高，分子热运动增强，分子能量突破固体表面能垒，变成游离态分子，二者共同作用导致甲烷在干酪根中的吸附量降低。

甲烷在3种干酪根中的吸附等温线呈Langmuir吸附特征，符合Langmuir吸附模型，采用Langmuir吸附公式对其进行拟合，拟合结果如图3.1.4和3.1.5所示，对应的相关系数R^2均大于0.99，对应的拟合参数见表3.1.2。

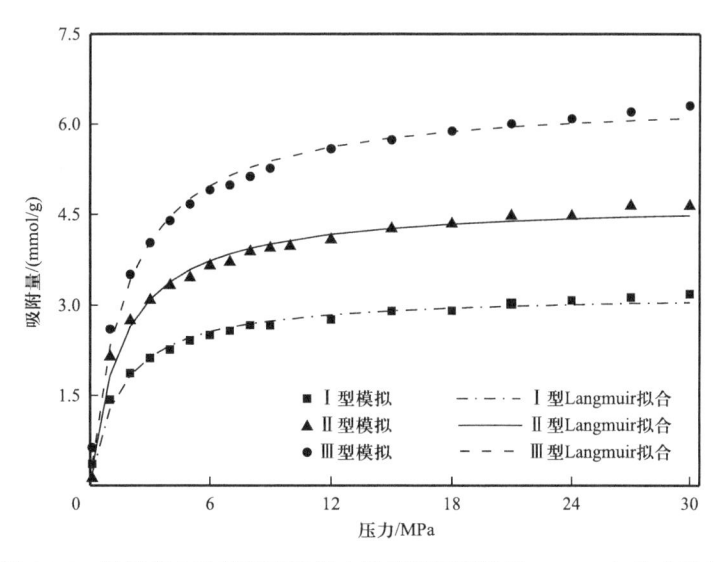

图3.1.4 甲烷在3种类型干酪根中的等温吸附线及Langmuir公式拟合

表3.1.2显示，当温度为298K时，甲烷在3种不同类型干酪根中的最大吸附量分别为3.195mmol/g、4.715mmol/g和6.458mmol/g。随着温度的升高，甲烷在不同类型干酪根中的吸附有明显差异，温度为298K、348K、398K和428K时，Ⅰ型干酪根n_L值分别为3.195mmol/g、2.820mmol/g、2.431mmol/g和2.280mmol/g，n_L值随温度的升高而减小，说明温度升高使得干酪根对甲烷的吸附能力减弱。

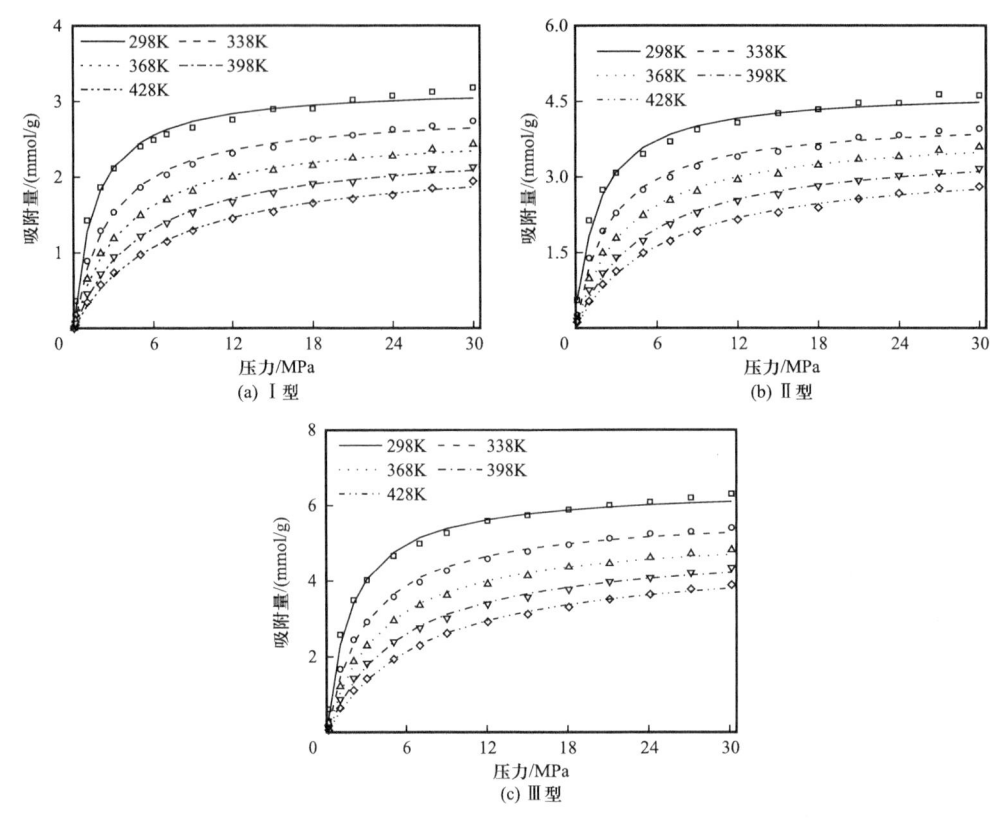

图 3.1.5 温度对甲烷在 3 种类型干酪根中的吸附的影响

表 3.1.2 甲烷在 3 种干酪根中吸附的 Langmuir 拟合结果

不同温度下拟合结果		Ⅰ型	Ⅱ型	Ⅲ型
298K	n_L/(mmol/g)	3.195	4.715	6.458
	p_L/MPa	1.494	1.571	1.775
	R^2	0.9938	0.9932	0.9954
348K	n_L/(mmol/g)	2.820	4.060	5.659
	p_L/MPa	3.031	2.754	3.276
	R^2	0.9943	0.9963	0.9967
398K	n_L/(mmol/g)	2.431	3.615	4.983
	p_L/MPa	4.956	4.917	5.319
	R^2	0.9979	0.9956	0.9976
428K	n_L/(mmol/g)	2.280	3.327	4.711
	p_L/MPa	6.623	6.184	7.005
	R^2	0.9972	0.9981	0.9984

进一步分析了孔隙结构对气体的吸附的影响。微观孔隙结构的孔隙体积和表面积的计算不同于宏观孔隙，需要考虑吸附质分子直径，不同吸附质分子直径对应不同比表面积[109]。利用 Materials Studio 软件测量了干酪根分子模型的比表面积，如图 3.1.6 所示。甲烷分子有效直径为 0.38nm，3 种类型干酪根的比表面积分别为 656.09m²/g、951.55m²/g 和 1242.75m²/g。比表面积大小顺序为Ⅲ型＞Ⅱ型＞Ⅰ型，这是因为干酪根从Ⅰ型到Ⅲ型，其具有的腐泥组分依次降低，高等浮游生物和陆生生物增多。由于陆生生物及高等浮游生物的内部结构比低等菌藻类生物的大且复杂，所以形成比表面积较大。干酪根比表面积与吸附量的关系如图 3.1.7 所示。甲烷在干酪根中的吸附量与比表面积呈正相关，干酪根比表面积越大，甲烷的吸附量越大。不同温度下，比表面积与甲烷吸附量对应的线性拟合关系式的相关系数 R^2 分别为 0.9975、0.9974、0.9982 和 0.9943，平均值为 0.9968，表明甲烷在干酪根中的吸附量与干酪根的比表面积线性相关。

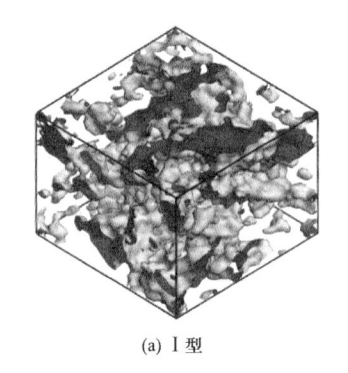

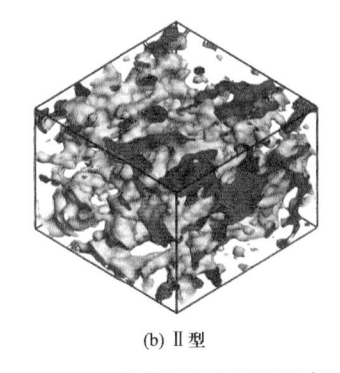

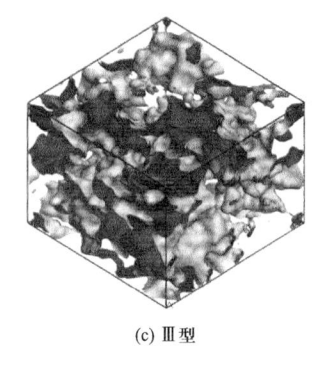

(a) Ⅰ型　　　　　　　　　(b) Ⅱ型　　　　　　　　　(c) Ⅲ型

图 3.1.6　干酪根比表面积示意图

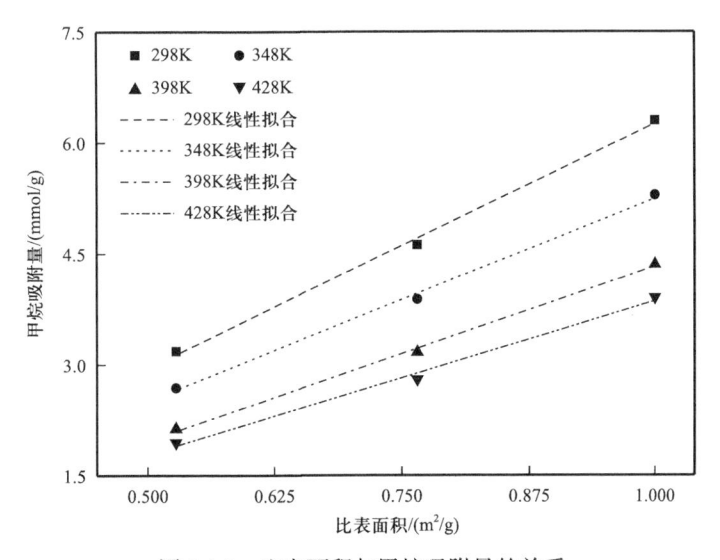

图 3.1.7　比表面积与甲烷吸附量的关系

最后，分析了干酪根中各类元素对甲烷吸附的影响，这里采用径向分布函数（Radial Distribution Function，简称 RDF）来表征这一影响。RDF 是描述液体或固体中粒子间空间分布特性的一种统计量，通常基于模拟数据计算。在物理学和化学中，RDF 常用于分析原子或分子在流体或固体中的排列结构，因此它既可以研究物质的有序性，又可以描述粒子的相关性。径向分布函数通常用字母 $g(r)$ 表示，其中 r 是粒子间的距离。对于一个给定的粒子，$g(r)$ 描述了在距离该粒子中心 r 处找到另一个粒子的概率密度[110]。在理想气体中，由于粒子间没有相互作用，径向分布函数将是一个常数，表示在任何给定距离找到另一个粒子的概率是相同的。对于实际的气—固体系，$g(r)$ 通常具有以下特点：

（1）第一峰值：表示粒子倾向于在彼此接近的最近邻位置聚集，这是由于粒子间的相互作用（如范德华力、化学键等）。

（2）振荡：在第一峰值之后，RDF 通常会显示出振荡模式，这反映了粒子间相互作用的复杂性，如排斥和吸引的平衡。

（3）长程行为：在长距离上，RDF 趋于 1，表示当距离足够远时，粒子的空间分布趋向于均匀，即没有特定的排列偏好。

图 3.1.8 展示了甲烷中的 C 原子与 3 种类型干酪根中各原子的径向分布函数。由图 3.1.8

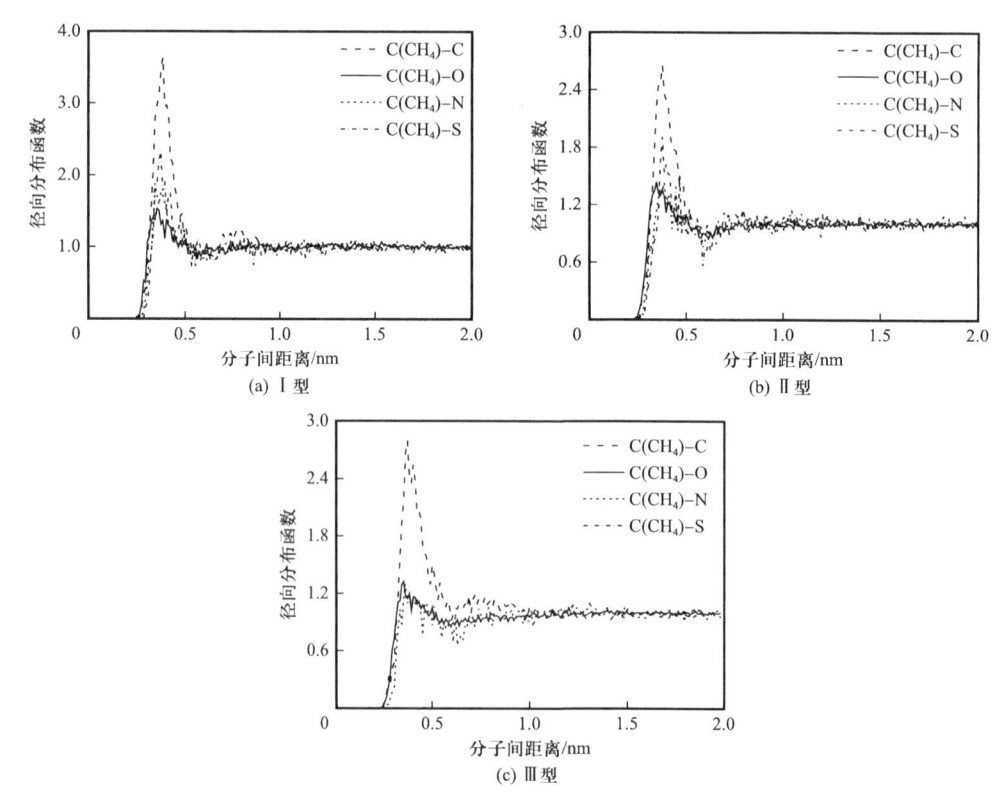

图 3.1.8　甲烷与干酪根各原子之间的径向分布函数

可以看出：甲烷分子与干酪根中C原子和S原子的径向分布函数峰值大于甲烷分子与O原子和N原子的径向分布函数峰值，其原因在于C原子和S原子的半径大于O原子和N原子，具有较强的极性，容易形成电负性，从而产生较大的瞬间偶极矩，使得其与甲烷分子有较强的相互作用。因此，C、S原子对甲烷在干酪根中吸附的影响较大，该结论与Zhang等[111]的研究结果一致。

四、甲烷在干燥页岩中的吸附热力学分析

吸附热是指在吸附作用下发生的热能变化。在这一过程中，气体分子向固体表面迁移，随着它们接近表面，分子的运动速度显著减缓，导致能量以热量的形式释放。这种热效应是吸附过程中的一个关键特征，它反映了气体分子与固体的相互作用强度。等量吸附热（Isosteric Heat of Adsorption）是指在等量吸附条件（等温条件下，吸附剂的吸附量保持不变）下，单位质量的吸附质从气相或液相吸附到固体表面时所释放或吸收的热量。较高的等量吸附热意味着更显著的吸附作用，这通常伴随着更多的分子动能转化为势能，从而使得形成的吸附层更加稳定。采用蒙特卡洛模拟技术，在保持逸度恒定的条件下，对特定孔隙空间内的气体分子吸附行为进行模拟。通过重复抽样符合条件的分子构型，就可以获得等量吸附热。

图3.1.9展示了不同温度下，甲烷在3种类型干酪根中的平均等量吸附热，从图中可以看出，甲烷在3种类型干酪根中的平均等量吸附热随着温度的增加而减小。这是因为，温度升高，甲烷分子和干酪根分子之间相互作用减弱，导致甲烷吸附量降低。甲烷平均等量吸附热在18.29～20.18kJ/mol的范围，小于42kJ/mol，说明甲烷在3种类型干酪根中的吸附均属于物理吸附[112]。

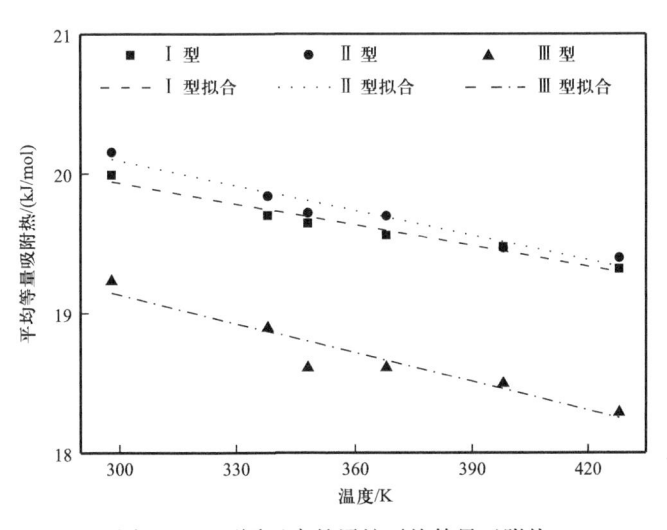

图3.1.9 不同温度的甲烷平均等量吸附热

五、孔隙形状对甲烷吸附的影响

基于干酪根分子模型，建立了不同孔隙形状的干酪根分子模型，包括狭缝孔、正方形孔、三角形孔和圆孔，如图 3.1.10 所示。不同孔隙形状的干酪根分子模型具有相同的孔隙体积。以圆孔为例，其对应的孔径为 2nm，孔隙体积为 $3.9825\pi nm^3$。狭缝孔、正方形孔、三角形孔的表面积分别为 38.0038，28.2351，27.7895，25.0220nm^2，见表 3.1.3。

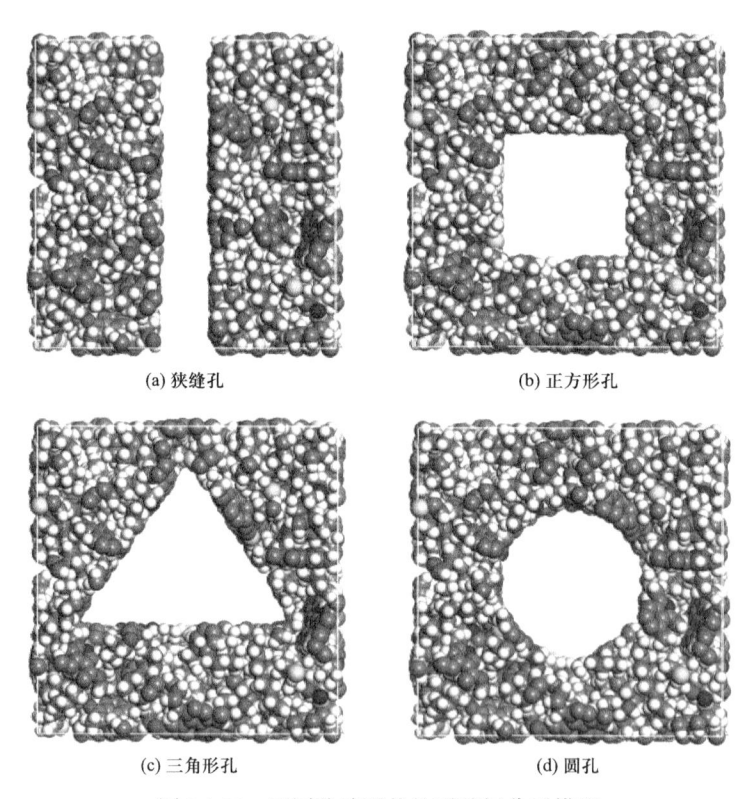

(a) 狭缝孔　　　　　　(b) 正方形孔

(c) 三角形孔　　　　　(d) 圆孔

图 3.1.10　不同孔隙形状的干酪根分子模型

表 3.1.3　不同孔隙形状的体积和表面积

孔隙形状	孔隙体积 /nm³	表面积 /nm²
狭缝孔	3.9825π	38.0038
正方形孔	3.9825π	28.2351
三角形孔	3.9825π	27.7895
圆孔	3.9825π	25.0220

基于不同孔隙形状的干酪根分子模型，模拟得到的等温吸附曲线，如图 3.1.11 所示。30MPa 压力、298K 温度条件下，三角形孔的绝对吸附量为 7.93mmol/g，狭缝孔的

绝对吸附量为7.21mmol/g，正方形孔的绝对吸附量为7.30mmol/g，圆孔的绝对吸附量为7.46mmol/g（图3.1.12）。相同的温度和压力条件下，三角形孔的绝对吸附量最大，大于狭缝孔、正方形孔和圆孔。这是因为，相对于其他孔隙形状，三角形孔的楔形结构表面可以容纳更多的流体分子，降低孔隙局部表面曲率，进而使得流体分子的填充方式发生了变化[113]。

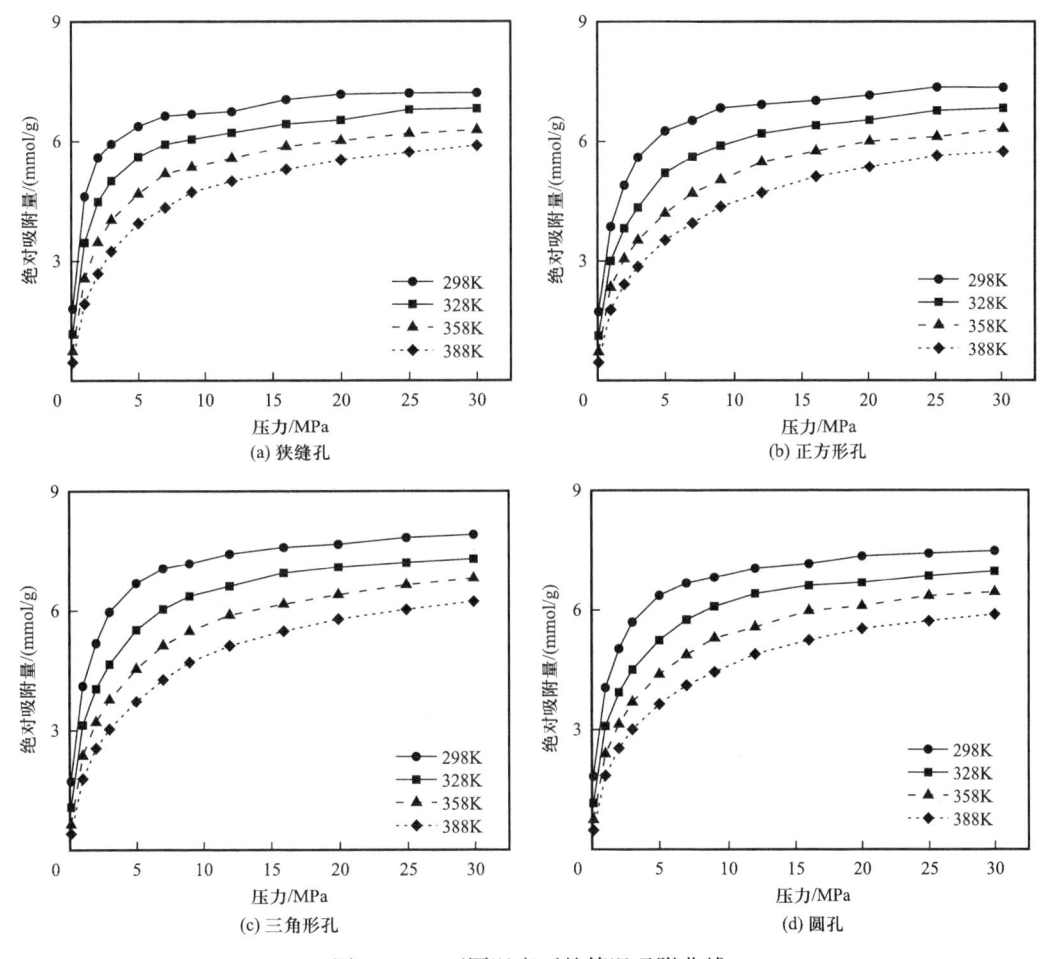

图3.1.11 不同温度下的等温吸附曲线

图3.1.13展示了1MPa压力和388K温度条件下，甲烷分子在干酪根分子模型中的分布状态。甲烷分子随机分布在狭缝孔中，但是对于矩形孔和三角形孔，甲烷分子优先在边角处吸附。图3.1.14展示了不同压力条件下，甲烷分子在三角形孔中的分布规律。低压条件下，甲烷分子优先吸附在边角附近。随着压力的增加，三角形孔中的甲烷吸附量增加，甲烷分子开始在三角形孔的中心聚集成团。此外，随着温度的增加，孔隙形状对吸附量的影响减小。

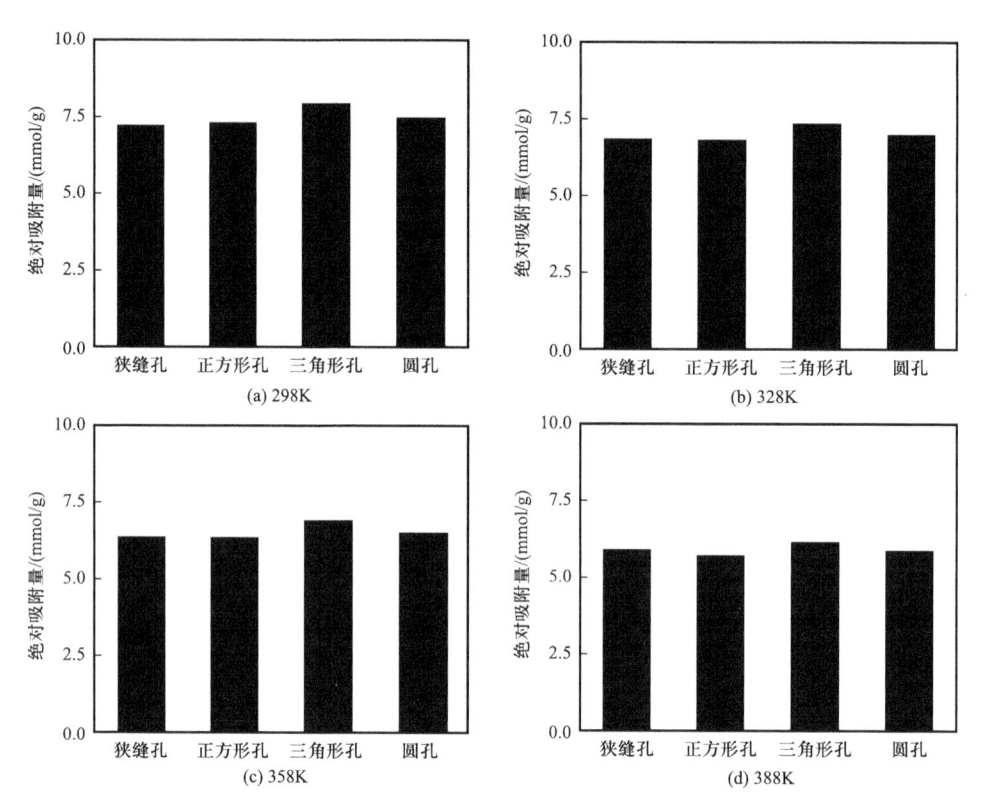

图 3.1.12　30MPa 条件下，不同温度下的吸附量

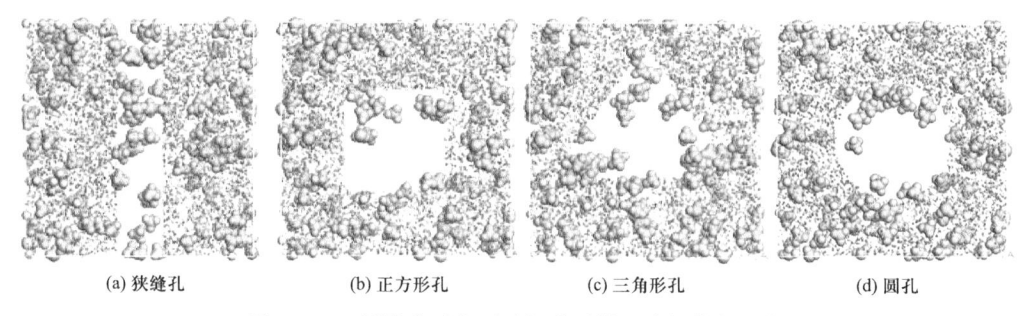

图 3.1.13　甲烷分子在干酪根分子模型中的分布状态

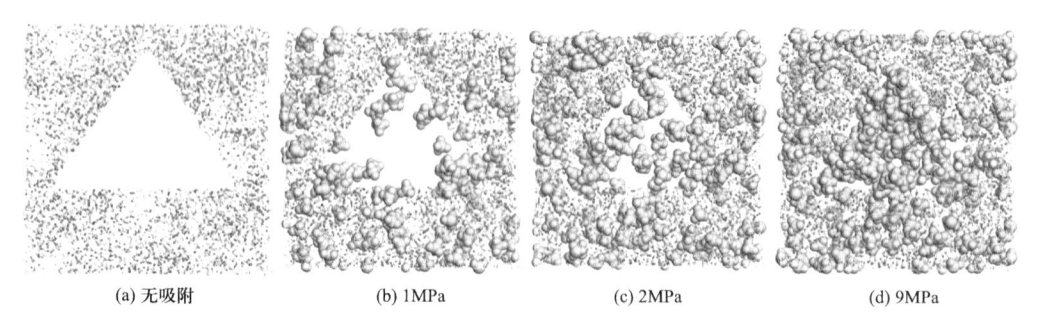

图 3.1.14　甲烷分子在三角形干酪根分子模型中的分布状态

第二节 现有的甲烷吸附理论模型

分子模拟方法在揭示页岩气吸附机制和阐释页岩气的赋存与储集特性方面发挥着关键作用,但是这一方法的计算成本较高,难以适用于宏观尺度和长期时间序列的数值模拟,如工程尺度下的页岩气储量评价、生产动态模拟等。这时就需要用到形式简单、计算成本低的理论模型来描述甲烷在页岩中的吸附。早期,对于页岩气吸附的研究沿用了煤层气吸附的实验方法和理论[5]。煤层气储层埋藏较浅,一般小于1000m。但我国页岩气储层的埋深远大于煤层,一般介于2000～4500m,属于中深层—深层页岩气[114]。以目前已经实现商业化开发的龙马溪组页岩为例,其储层埋深一般在2000～3500m,压力系数为1.3～2.1[115]。若假定压力系数为1.3,对应的储层压力可达26MPa以上。此外,我国逐步加大了对深层页岩气的勘探开发力度。以四川威荣页岩气为例,其储层埋深在3500～4500m,普遍表现为异常高压,压力系数最高可达2.45[116]。因此,低压条件下的页岩气吸附实验和理论难以满足我国中深层—深层页岩气勘探开发的需要。近年来,一些学者已经开展了高压条件下的页岩气吸附实验[26, 117],最高测试压力超过了50MPa。部分学者还建立了理论模型来描述高压条件下的甲烷吸附现象,如 Langmuir 模型[118]、Brunauer-Emmett-Teller 模型[119]、Dubinin-Radushkevich 模型[120]等。

但是,现有针对页岩气的甲烷吸附理论模型很多都引入了与温度相关的参数。这些参数虽然提高了模型的拟合效果,但也降低了其实用性。这是因为,开展页岩气储量评价时需要考虑温度的影响。若吸附模型含有与温度相关的参数,那么就需要测定不同温度下的吸附等温线,然后进行非线性拟合才能获得对应温度下的模型参数。若吸附模型不含有与温度相关的参数,那么只需测定几个温度下的吸附等温线,通过非线性拟合获得模型参数后就可以实现不同温度下的吸附等温线预测,从而避免了大量繁琐且耗时的实验。此外,部分高压吸附模型拟合参数较多,模型复杂,过拟合风险较高;部分高压吸附模型在低压条件下不符合 Henry 定律,因此违反了热力学一致性,如 Dubinin-Radushkevich 和 Dubinin-Astakhov 模型;某些高压吸附模型包含虚拟饱和蒸气压,这一参数不具有明确的物理意义,因为超临界条件下不存在两相共存的状态[121]。

第三节 修正的 Uniform Langmuir 模型

针对这些问题,本文对 Uniform Langmuir(Unilan)模型进行了修正,发展了一个相对简单且具有明确物理意义的高压吸附模型,并利用文献发表的吸附实验数据对该模型进行了验证；然后将该模型与 3 种常用的高压吸附模型（Dual-site Langmuir、Supercritical Dubinin-Astakhov 和 Ono-Kondo 模型）进行了对比分析。

一、模型建立

Unilan 模型是一种传统的经验吸附模型。它假定吸附剂表面的吸附能符合均匀分布，吸附质分子在吸附剂局部表面上的吸附满足 Langmuir 模型假设，即：

$$n_a = \frac{n_0}{1 + K/p} \tag{3.3.1}$$

式中　n_0——饱和吸附量，mol/kg；

K——吸附平衡常数，MPa；

p——压力，MPa。

根据 Van't Hoff 方程，吸附平衡常数 K 可以表示为[122]：

$$K = p_0 \exp\left(-\frac{\Delta S}{R} + \frac{\Delta H}{RT}\right) \tag{3.3.2}$$

式中　ΔH——等量吸附焓，J/mol；

ΔS——吸附熵变，J/mol/K；

p_0——参考压力，取 0.1MPa。

等量吸附热在数值上和等量吸附焓相等，即：

$$q_{st} = -\Delta H \tag{3.3.3}$$

将式（3.3.3）代入式（3.3.2）可得：

$$K = p^0 \exp\left(-\frac{\Delta S}{R} + \frac{-q_{st}}{RT}\right) = p^0 \exp\left(-\frac{\Delta S}{R}\right)\exp\left(-\frac{q_{st}}{RT}\right) = a\exp\left(-\frac{q_{st}}{RT}\right) \tag{3.3.4}$$

$$a = p^0 \exp\left(-\frac{\Delta S}{R}\right) \tag{3.3.5}$$

式中　R——理想气体常数，J/mol/K。

吸附热是吸附能的度量，吸附热越大，吸附能越大，即吸附剂与吸附质分子之间的相互作用越强[123]。Unilan 模型假设吸附剂表面有多个吸附位，各吸附位的吸附能不同，但吸附能的大小符合均匀分布。因此，等量吸附热对应的概率密度函数为：

$$f(q_{st}) = \begin{cases} 1/(E_{max} - E_{min}) & E_{min} \leq q_{st} \leq E_{max} \\ 0 & q_{st} < E_{min} \text{ 或 } E_{max} < q_{st} \end{cases} \tag{3.3.6}$$

式中 E_{max}——最大的吸附能，J/mol；

E_{min}——最小的吸附能，J/mol。

结合式（3.3.1）和式（3.3.6），通过积分可得：

$$n_a = \int_0^\infty \frac{n_0}{1+a\exp\left(-\frac{q_{st}}{RT}\right)/p} f(q_{st}) dq_{st} \quad (3.3.7)$$

$$n_a = \frac{n_0 RT}{E_{max}-E_{min}} \ln\left(\frac{a+pe^{\frac{E_{max}}{RT}}}{a+pe^{\frac{E_{min}}{RT}}}\right) \quad (3.3.8)$$

式（3.3.8）即为 Unilan 模型，它描述了绝对吸附量随温度和压力的变化。但是，等温吸附实验中，测得的吸附量为过剩吸附量。压力较低时，过剩吸附量近似等于绝对吸附量。但是，随着压力的增加，两者的差值将越来越大。页岩气藏甜点识别、储量评价和产能模拟需要绝对吸附量，因此需要将实验测得的过剩吸附量转换为绝对吸附量。根据 Gibbs 方程，过剩吸附量与绝对吸附量的关系为：

$$n_e = n_a - V_a \rho_g = n_a\left(1-\frac{\rho_g}{\rho_a}\right) \quad (3.3.9)$$

式中 n_e——过剩吸附量，mol/kg；

n_a——绝对吸附量，mol/kg；

V_a——吸附相体积，m³/kg；

ρ_g——气相密度，mol/m³；

ρ_a——吸附相密度，mol/m³。

这里采用 Soave-Benedict-Webb-Rubin（SBWR）状态方程计算气相密度，相对于常规的 Peng-Robinson（PR）状态方程，高压条件下 SBWR 状态方程的精度更高[124]。为了计算绝对吸附量，需要知道 V_a 或 ρ_a 的取值。但是，这两个参数无法通过实验测定。一般采用经验方法估算 ρ_a 或是将其作为一个拟合参数。但是，ρ_a 的取值一直存在争议，尚未形成统一的结论[125-126]。另外一种方法是将 V_a 表示为吸附量的函数，因为 V_a 会随着吸附量的增加而增加，直至达到最大值（对应饱和吸附量）[127]。本文也采用了这一方法，因此 V_a 可以表示为：

$$V_a = V_{max} \frac{RT}{E_{max}-E_{min}} \ln\left(\frac{a+pe^{\frac{E_{max}}{RT}}}{a+pe^{\frac{E_{min}}{RT}}}\right) \quad (3.3.10)$$

式中　$V_{\max}$——吸附达到饱和时的吸附相体积，m^3/kg。

$V_{\max}$ 与页岩的孔隙体积有关，上限为页岩的总孔体积。结合式（3.3.8）至式（3.3.10）可得修正的 Unilan 模型：

$$n_e = n_a - V_a\rho_g = (n_0 - V_{\max}\rho_g)\frac{RT}{E_{\max} - E_{\min}}\ln\left(\frac{a + pe^{\frac{E_{\max}}{RT}}}{a + pe^{\frac{E_{\min}}{RT}}}\right) \quad (3.3.11)$$

这里将 ΔS、$E_{\max}$、$V_{\max}$、$E_{\min}$ 和 n_0 这 5 个参数作为拟合参数，这几个参数都具有明确的物理意义。综上，本文对 Unilan 模型的修正包括两个方面：（1）将 Gibbs 方程引入 Unilan 模型，使其能够描述过剩吸附量随温度和压力的变化。（2）引入 $V_{\max}$ 作为拟合参数，并将吸附相体积表示为吸附量的函数，实现了过剩吸附量和绝对吸附量的转换。

二、模型验证

利用公开发表的高压吸附实验数据（最高测试压力大于 30MPa）对修正的 Unilan 模型进行了验证，实验数据来自 Li 等[117]、Chen 等[128]、Xiong 等[129]、Zuo 等[126] 和 Shen 等[130]，一共包含 13 个样品的吸附实验数据，见表 3.3.1。

表 3.3.1　模型验证所用的高压吸附实验数据

样品编号	实验温度范围 /K	实验压力范围 /MPa	样品产地	数据来源
X2	313.75～368.75	0.69～52.74	龙马溪组	Chen 等[128]
FC-47	312.95～393.15	0.24～35.00	Lower Cambrian shale	Li 等[117]
FC-66				
FC-72				
X3	313.75～368.75	0.30～53.75	龙马溪组	Xiong 等[129]
1	348.75～368.75	0.50～52.20	龙马溪组	Zuo 等[126]
2				
W1	313	0.50～51	龙马溪组	Shen 等[130]
W2				
W3				
L1				
L2				
L3				

受篇幅所限，只展示了部分高压吸附实验数据，如图 3.3.1 和图 3.3.2 所示。从图 3.3.1 中可以看出，初期过剩吸附量随着压力的增加逐渐增大。当压力增加到一定值后，过剩吸附量达到最大值，进一步增加压力，过剩吸附量逐渐降低。此外，温度越高，过剩吸附量最大值对应的压力越大。具体的，如图 3.3.1（a）所示，当 T=313.75K 时，过剩吸附量的最大值为 0.13mol/kg，对应的压力为 12.75MPa；当 T=368.75K 时，过剩吸附量的最大值为 0.096mol/kg，对应的压力达到了 18.48MPa。此外，如图 3.3.2（a）所示，对于页岩样品 2，当 T=348.75K 时，过剩吸附量的最大值为 0.11mol/kg，对应的压力为 17.71MPa；当 T=368.75K 时，过剩吸附量的最大值为 0.097mol/kg，对应的压力达到了 18.43MPa。图 3.3.1 和图 3.3.2 还展示了不同高压吸附模型的拟合结果。对于修正的 Unilan 模型，拟合得到的模型参数见表 3.3.2，对应的拟合误差见表 3.3.3。整体来看，对于所有样品的吸附实验数据，修正的 Unilan 模型的拟合效果较好，模型误差在 2.10%~7.84% 的范围内，平均值为 3.60%。修正的 Unilan 模型拟合得到的 n_0 在 0.10~0.35mol/kg 的范围内，与前人的认识一致[131]。甲烷分子在页岩上的吸附属于物理吸附[132]，因此对应的吸附能应小于 42kJ/mol。表 3.3.2 显示，修正的 Unilan 模型拟合得到 E_{max} 在 10.00~35.02kJ/mol 的范围，E_{min} 在 3.08~20.00kJ/mol 的范围，均小于 42kJ/mol。此外，对于 FC-47、FC-66 和 FC-72 这 3 个样品，Li 等[117]不但测定了不同温度下的甲烷吸附等温线，还利用亚临界条件下的低温气体吸附实验研究了这 3 个样品的微孔体积和总孔体积，对应的实验结果如图 3.3.3 所示。图 3.3.3 还展示了拟合得到的 V_{max}。从图 3.3.3 中可以看出，V_{max} 的值介于微孔体积和总孔体积之间。这是因为，超临界条件下不会发生毛细凝聚现象，只有部分孔隙空间被吸附态甲烷分子占据，其中页岩微孔中的吸附以孔隙充填为主，介孔和宏孔中的吸附以单层/多层吸附为主[133-135]。进一步将修正的 Unilan 模型与 DL、SDA 和 OK 模型进行了对比分析。DL、SDA 和 OK 模型的简介如下。

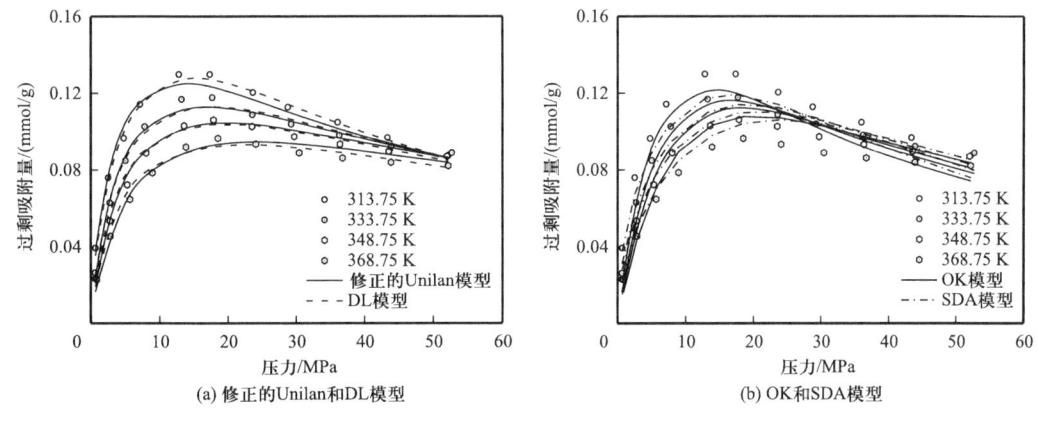

图 3.3.1 高压吸附模型拟合结果，吸附实验数据来自 Chen 等[128]

(a) 修正的Unilan和DL模型

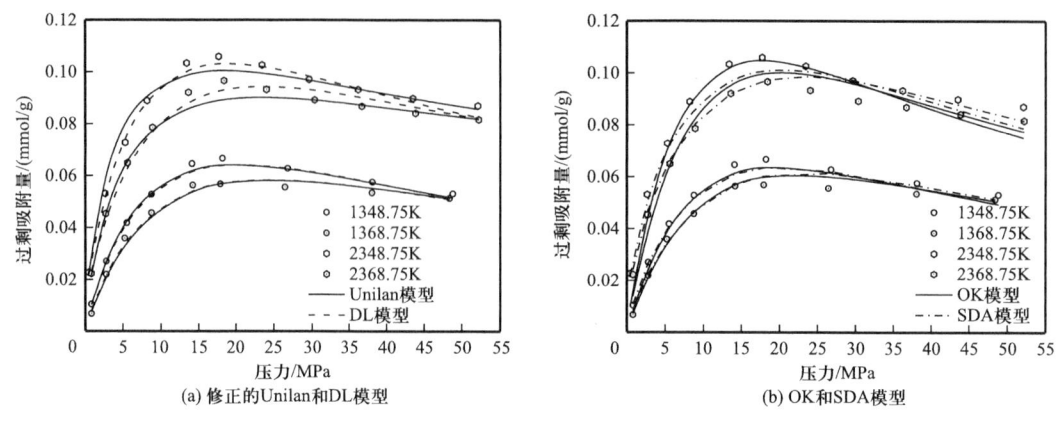

(b) OK和SDA模型

图 3.3.2　高压吸附模型拟合结果，吸附实验数据来自 Zuo 等[126]

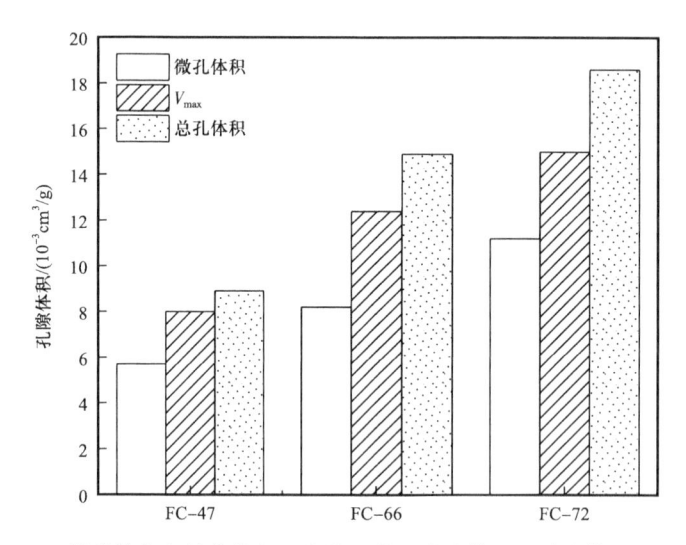

图 3.3.3　V_{max}、微孔体积和总孔体积三者的比较，微孔体积和总孔体积来自 Li 等[117]

表 3.3.2　修正的 Unilan 模型参数

样本	n_0/(mol/kg)	V_{max}/(cm^3/g)	E_{max}/(kJ/mol)	E_{min}/(kJ/mol)	$-\Delta S$/(J/mol/K)
X2	0.35	0.013	26.41	9.84	100.13
FC-47	0.16	0.008	30.74	10.00	94.29
FC-66	0.28	0.012	32.30	11.95	101.40
FC-72	0.35	0.015	32.50	12.91	100.36
X3	0.18	0.008	28.39	7.98	98.49
1	0.18	0.007	21.51	12.73	92.40
2	0.31	0.010	35.02	11.14	114.76

续表

样本	n_0/(mol/kg)	V_{max}/(cm^3/g)	E_{max}/(kJ/mol)	E_{min}/(kJ/mol)	$-\Delta S$/(J/mol/K)
W1	0.11	0.006	23.90	18.16	98.53
W2	0.20	0.009	25.84	17.61	98.15
W3	0.20	0.010	20.14	11.13	78.31
L1	0.20	0.009	28.32	20.00	105.32
L2	0.10	0.004	10.00	8.20	59.56
L3	0.15	0.006	10.57	3.08	49.00

表 3.3.3 模型误差

样品	平均相对误差/%			
	修正的 Unilan	OK	DL	SDA
X2	4.24	10.31	2.79	8.00
FC-47	5.40	11.62	3.07	7.71
FC-66	3.90	10.38	2.44	7.40
FC-72	3.82	10.11	2.54	7.56
X3	7.84	10.59	3.93	5.84
1	3.16	4.72	3.34	4.71
2	3.54	8.59	2.29	3.68
W1	2.88	3.29	4.20	2.84
W2	2.10	3.00	1.85	1.74
W3	2.38	3.21	2.19	2.09
L1	2.29	3.07	1.84	1.70
L2	3.08	3.20	3.40	2.94
L3	2.17	2.91	2.02	1.91
平均值	3.60	6.54	2.76	4.47

（1）Ono-Kondo 模型。

Ono-Kondo（OK）模型[136]是基于格子模型建立的，目前也被用于页岩气吸附的研究[137]，其表达式如下：

$$n_\mathrm{e} = \frac{2n_0 \rho_\mathrm{g} \left[1 - \exp\left(\frac{\varepsilon_\mathrm{s}}{kT}\right)\right]}{\dfrac{\rho_\mathrm{g} \rho_\mathrm{max}}{\rho_\mathrm{max} - \rho_\mathrm{g}} + \rho_\mathrm{max} \exp\left(\dfrac{\varepsilon_\mathrm{s}}{kT}\right)} \qquad (3.3.12)$$

式中 ε_s——气固相互作用能，J；

ρ_max——吸附质分子的最大密度，mol/m³；

k——玻尔兹曼常数，J/K。

一般将 ε_s、ρ_max 和 n_0 这 3 个参数作为拟合参数。

（2）Dual-site Langmuir 模型。

为了考虑页岩表面能量非均质性的影响，Tang 等提出了 Dual-site Langmuir（DL）模型。相对于 Langmuir 模型，DL 模型假设吸附剂表面存在两种不同的吸附位。DL 模型的表达式如下：

$$n_\mathrm{e} = (n_\mathrm{max} - V_\mathrm{max} \rho_\mathrm{g}) \left[(1 - \alpha') \left(\frac{K_1(T)P}{1 + K_1(T)P}\right) + \alpha' \left(\frac{K_2(T)P}{1 + K_2(T)P}\right)\right] \qquad (3.3.13)$$

$$K_1(T) = A_1 \exp\left(\frac{-E_1}{RT}\right) \qquad (3.3.14)$$

$$K_2(T) = A_2 \exp\left(\frac{-E_2}{RT}\right) \qquad (3.3.15)$$

式中 A_1，A_2——指前因子，1/Pa；

E_1，E_2——吸附能，J/mol；

α'——权重系数，无量纲。

一般将 n_max、V_max、α'、A_1、E_1、A_2 和 E_2 这 7 个参数作为拟合参数。

（3）Supercritical Dubinin-Astakhov（SDA）模型。

Dubinin-Astakhov（DA）模型和 Dubinin-Radushkevich（DR）模型[138]是基于 Polanyi 吸附势理论[139]建立的。相对于 DR 模型，DA 模型考虑了吸附剂表面能的非均质性。DA 和 DR 模型严格意义上只适用于亚临界吸附。为了将它们推广到超临界吸附的范畴，需要引入虚拟饱和蒸气压或是利用吸附相密度替换饱和蒸气压[140]。近年来，DA 模型已经被用于页岩气吸附的研究[141-142]。其中，Yang 等[142]提出了 Supercritical Dubinin-Astakhov（SDA）模型，其表达式如下：

$$n_\mathrm{e} = \rho_\mathrm{a} W_0 \left(1 - \frac{\rho_\mathrm{g}}{\rho_\mathrm{a}}\right) \exp\left\{-\left[\ln\left(\frac{\rho_\mathrm{a}}{\rho_\mathrm{g}}\right) RT / E\right]^t\right\} \qquad (3.3.16)$$

$$\rho_\mathrm{a}=\rho_\mathrm{b}\exp\left[-\alpha\left(T-T_\mathrm{b}\right)\right] \qquad (3.3.17)$$

式中　W_0——极限吸附体积，$\mathrm{m^3/kg}$；

　　　ρ_b——常压沸点下的甲烷液相密度，$\mathrm{mol/m^3}$，取 $2.64\times10^4\mathrm{mol/m^3}$；

　　　T_b——甲烷临界温度，K；

　　　α——吸附质的热膨胀系数，$1/\mathrm{K}$；

　　　E——吸附能，$\mathrm{J/mol}$；

　　　t——页岩表面能量的非均质性。

一般将 W_0、α、E 和 t 这 4 个参数作为拟合参数。

对于表 3.3.1 展示的吸附实验数据，DL、SDA 和 OK 模型的拟合误差见表 3.3.3，对应的拟合参数见表 3.3.4 至表 3.3.6。整体来看，DL 模型的拟合误差在 1.84%～4.20% 的范围内，均值为 2.76%；OK 模型的拟合误差在 2.91%～11.62% 的范围内，均值为 6.54%；SDA 模型的拟合误差在 1.70%～8.00% 的范围内，均值为 4.47%，见表 3.3.3。相对于 DL 和修正的 Unilan 模型，SDA 和 OK 模型的拟合效果较差，尤其是 OK 模型。以 X2 号样品为例，当 p=12.75MPa，T=313.75K 时，OK 模型低估了过剩吸附量；当 p=12.75MPa，T=368.75K 时，OK 模型又高估了过剩吸附量，如图 3.3.1（b）所示。SDA 模型也存在同样的问题，当 p=12.75MPa，T=313.75K 时，SDA 模型给出的结果为 0.12mol/kg，而实验数据为 0.13mol/kg；当 p=13.81MPa，T=368.75K 时，SDA 模型高估了过剩吸附量，如图 3.3.1（b）所示。图 3.3.2 也显示，DL 和修正的 Unilan 模型的拟合效果较好，而 SDA 和 OK 模型的拟合效果较差。以 2 号样品为例，当 T=348.75K，p>35MPa 时，OK 模型结果明显偏低。此外，随着压力的增加，OK 模型结果和实验数据的差异逐渐变大，如图 3.3.2（b）所示。OK 模型的拟合效果最差，这主要是因为：OK 模型没有考虑页岩表面能量的非均质性，而其他 3 个吸附模型均考虑了这一因素。此外，相对于 DL 和修正的 Unilan 模型，SDA 模型的拟合效果较差，这主要是因为：不同于 DL 和修正的 Unilan 模型，低压条件下的 SDA 模型不符合 Henry 定律，违反了热力学一致性[143]。

DL 模型拟合误差的平均值为 2.76%，而修正的 Unilan 模型拟合误差的平均值为 3.60%，DL 模型的拟合效果略优于修正的 Unilan 模型。但是，DL 模型包含 7 个拟合参数，而修正的 Unilan 模型只包含 5 个拟合参数。拟合参数越多，模型越复杂，过拟合的风险也越高。相对于修正的 Unilan 模型，DL 模型增加了 2 个拟合参数后，平均相对误差只下降了 0.84%。依据奥卡姆剃刀原理，在精度相当的情况下应遵从简化的原则。因此，拟合参数更少的 Unilan 模型优于 DL 模型。综上所述，修正的 Unilan 模型具有拟合参数少（相对于 DL 模型）和精度高（相对于 OK 和 SDA 模型）的优点，故推荐采用修正的 Unilan 模型来描述中深层—深层页岩气吸附。

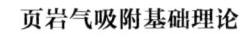

表 3.3.4　OK 模型参数

样本	n_0/(mol/kg)	$-\varepsilon_s/k$/K	ρ_{max}/(mol/m^3)
X2	0.11	755.93	2.64×10^{-2}
FC-47	0.05	1237.54	2.37×10^{-2}
FC-66	0.09	1189.77	2.64×10^{-2}
FC-72	0.12	1209.05	2.64×10^{-2}
X3	0.05	900.09	2.30×10^{-2}
1	0.07	679.87	2.64×10^{-2}
2	0.10	774.66	2.64×10^{-2}
W1	0.10	774.66	2.64×10^{-2}
W2	0.09	957.96	2.23×10^{-2}
W3	0.09	970.36	2.09×10^{-2}
L1	0.09	972.37	2.17×10^{-2}
L2	0.05	835.59	2.19×10^{-2}
L3	0.07	999.20	2.29×10^{-2}

表 3.3.5　DL 模型参数

样本	n_0/(mol/kg)	α'	A_2/(1/MPa)	E_1/(kJ/mol)	A_2/(1/MPa)	E_2/(kJ/mol)	V_{max}/(cm^3/g)
X2	0.32	0.26	2.55×10^{-5}	19.74	1.63×10^{-3}	15.98	0.013
FC-47	0.29	0.29	8.54×10^{-7}	26.44	5.45×10^{-4}	21.13	0.016
FC-66	0.30	0.39	7.01×10^{-6}	23.64	8.38×10^{-4}	20.14	0.014
FC-72	0.36	0.44	5.36×10^{-6}	25.13	1.01×10^{-3}	19.80	0.016
X3	0.15	0.12	1.64×10^{-4}	17.03	5.54×10^{-1}	7.43	0.007
1	0.19	0.23	1.05×10^{-4}	16.68	2.83×10^{-3}	12.47	0.008
2	0.20	0.09	9.99×10^{-5}	20.02	2.02×10^{-4}	30.06	0.007
W1	0.13	0.23	3.07×10^{-4}	15.52	2.95×10^{-3}	14.44	0.007
W2	0.21	0.06	3.99×10^{-4}	16.92	12.95×10^{-3}	25.21	0.010
W3	0.20	0.09	4.04×10^{-4}	16.90	5.77×10^{-3}	18.12	0.010
L1	0.20	0.09	4.00×10^{-4}	16.90	5.86×10^{-3}	18.20	0.010
L2	0.11	0.29	3.63×10^{-4}	15.22	2.63×10^{-3}	13.71	0.005
L3	0.15	0.12	3.96×10^{-4}	16.88	4.69×10^{-3}	17.05	0.007

表 3.3.6 SDA 模型参数

样本	W_0/(cm³/g)	a/(1/K)	E/(kJ/mol)	t
X2	0.012	5.47×10^{-4}	5.73	1.00
FC-47	0.010	2.11×10^{-3}	7.78	1.04
FC-66	0.016	1.78×10^{-3}	7.11	1.00
FC-72	0.022	1.72×10^{-3}	7.34	1.00
X3	0.007	1.38×10^{-3}	6.33	1.00
1	0.005	2.42×10^{-4}	6.94	1.46
2	0.009	1.49×10^{-4}	7.16	1.18
W1	0.005	1.72×10^{-3}	8.23	1.96
W2	0.009	9.63×10^{-4}	9.41	1.99
W3	0.009	1.27×10^{-3}	9.55	1.99
L1	0.009	1.09×10^{-3}	9.54	1.99
L2	0.004	9.87×10^{-4}	8.50	2.00
L3	0.006	8.59×10^{-4}	9.70	1.99

基于修正的 Unilan 模型，利用拟合得到的 V_a，将 Chen 等[128]测得的过剩吸附量转换为绝对吸附量，如图 3.3.4 所示。图 3.3.4 还展示了修正的 Unilan 模型给出的结果。从图 3.3.4 中可以看出，两者的吻合程度较高。此外，甲烷在页岩上的吸附等温线符合

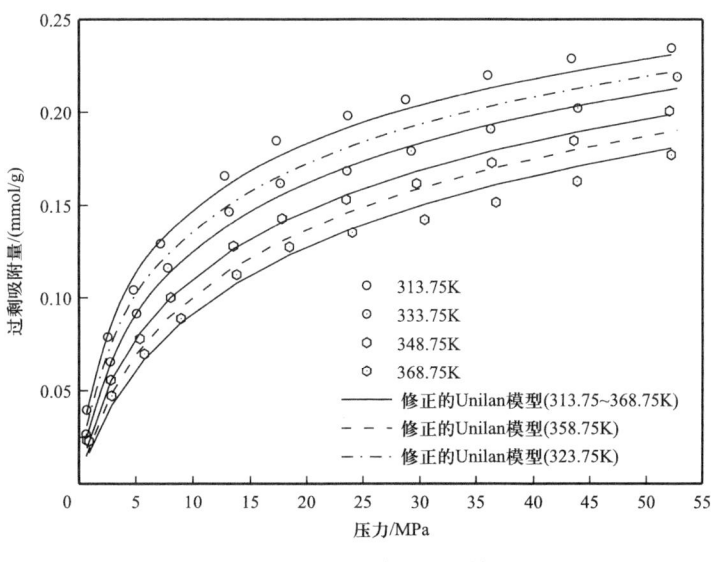

图 3.3.4 绝对吸附量预测结果

Ⅰ型吸附曲线特征。进一步，基于修正的 Unilan 模型预测了不同温度下（358.75K 和 323.75K）的绝对吸附量，如图 3.3.4 所示。模型预测结果同样符合Ⅰ型吸附曲线，且与实验结果的变化趋势一致。因此，修正的 Unilan 模型不仅可以将实验测得的过剩吸附数据转换为实际所需的绝对吸附量，还可以预测不同温度下的绝对吸附量。

三、关键参数分析

进一步，利用修正的 Unilan 模型，基于拟合得到的模型参数（表 3.3.2），结合页岩样品的矿物组成，开展了模型参数分析。这里对 ΔS、V_{max}、$(E_{min}+E_{max})/2$、n_0、TOC 和黏土矿物含量 6 个参数进行了分析。之所以选择 $(E_{min}+E_{max})/2$ 这一参数，是因为 Unilan 模型假设吸附剂表面的吸附能符合均匀分布。因此，$(E_{min}+E_{max})/2$ 可以表征页岩的平均吸附能 E_{ave}，即 $E_{ave}=(E_{min}+E_{max})/2$。图 3.3.5 展示了这 6 个变量的 Pearson 相关系数矩阵。Pearson 相关系数（r）用于表征两个变量的线性相关程度，其取值范围在 −1～1 之间。当相关系数 r 为负值时，表示两个变量存在负相关关系；当相关系数 r 为正值时，表示两个变量存在正相关关系。此外，相关系数 r 的绝对值越大，相关性越强。r 的绝对值在 0.8～1.0 的范围内表示两者极强相关，0.6～0.8 对应强相关，0.4～0.6 对应中等强度相关，0.2～0.4 对应弱相关，0～0.2 对应极弱相关或无相关。从图 3.3.5 中可以看出，n_0 与 TOC 的相关性极强，对应的 $r=0.85$。此外，n_0 与黏土矿物含量呈强相关，对应的 $r=-0.63$。图 3.3.6 和 3.3.7 分别展示了 n_0 与 TOC 和黏土矿物含量的关系。从图 3.3.6 中可以看出，随着 TOC 的增加，n_0 呈上升趋势，两者的相关程度较高，线性回归决定系数 R^2 达到了

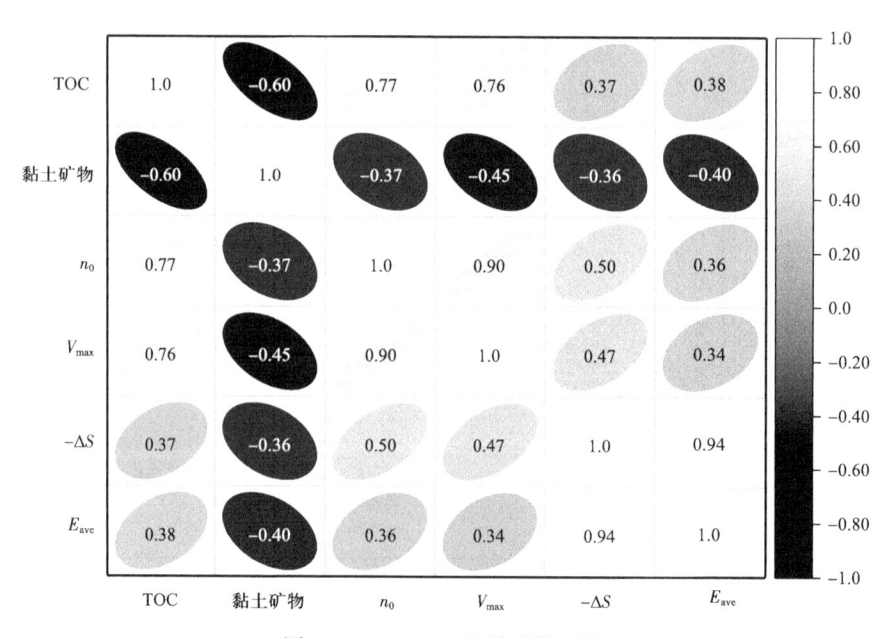

图 3.3.5　Pearson 相关系数矩阵

0.73（对于一元线性回归，$R^2=r^2$）。这是因为有机质纳米级孔隙发育，为甲烷吸附提供了大量的吸附位。此外，相对于亲水的无机矿物，非极性气体甲烷更容易被疏水的有机质吸附[144]。图 3.3.7 显示 n_0 与黏土矿物含量呈负相关，这主要是因为 TOC 对相关性分析造成了干扰。图 3.3.5 显示黏土矿物含量和 TOC 为负相关（$r=-0.72$），即 TOC 越高，黏土矿物含量越低。为了消除 TOC 的影响，这里对 n_0 进行了归一化处理，即将 n_0 表示为单位质量 TOC 对应的饱和吸附量 n_{0T}[25]。n_{0T} 与黏土矿物含量的关系如图 3.3.8 所示。从图 3.3.8 中可以看出，n_{0T} 与黏土矿物的相关程度较高，对应的 $R^2=0.7$。这说明除了有机质，黏土矿物对甲烷的吸附也有贡献。

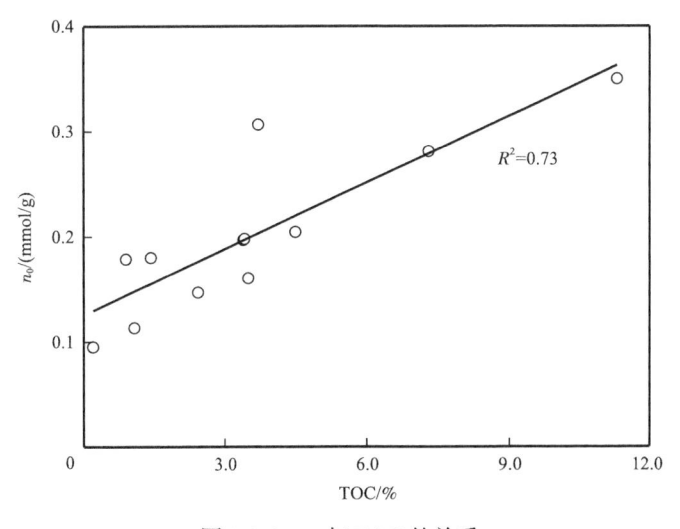

图 3.3.6 n_0 与 TOC 的关系

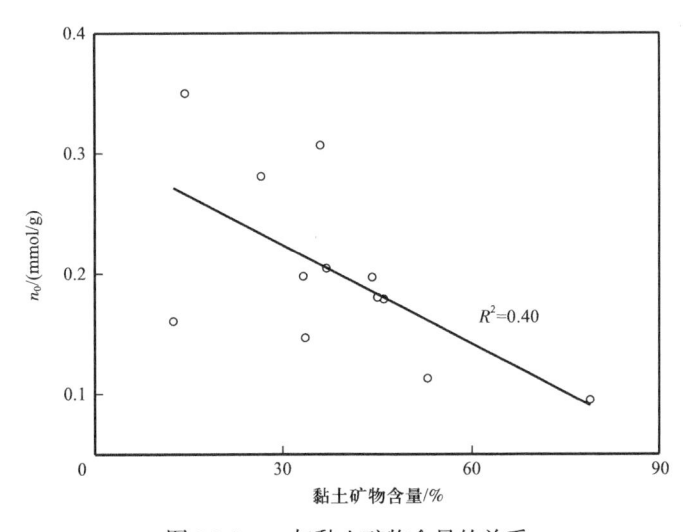

图 3.3.7 n_0 与黏土矿物含量的关系

图 3.3.8 n_{0T} 与黏土矿物含量的关系

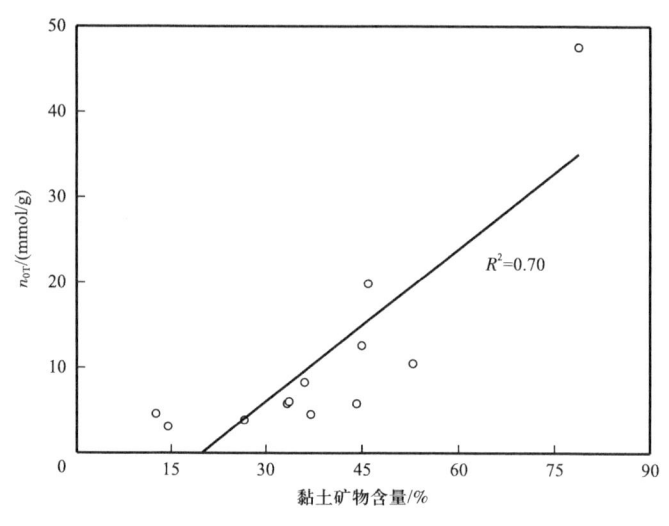

图 3.3.9 还显示，n_0 与 V_{max} 的相关性极强（$r=0.94$）。图 3.3.9 显示 n_0 随 V_{max} 的增加而增加，对应的 R^2 达到了 0.88。这是因为 V_{max} 对应吸附达到饱和时的吸附相体积。从图 3.3.10 中还可以看出，$-\Delta S$ 与 E_{ave} 的相关性极强（$r=0.97$）。图 3.3.10 显示 $-\Delta S$ 越大，E_{ave} 越大。$-\Delta S$ 是甲烷分子自由能损失的度量。$-\Delta S$ 越大，甲烷分子的自由能损失越大。对于自由态的甲烷分子，其运动范围是三维空间。发生吸附后，甲烷分子的运动范围受限于二维表面，导致其自由能降低[125-145]。而 E_{ave} 表征页岩的平均吸附能，E_{ave} 越大，吸附态甲烷分子—页岩的相互作用越强，分子运动受到的限制越大，对应的自由能损失也就越大[146]。因此，$-\Delta S$ 与 E_{ave} 呈极强的正相关。

图 3.3.9 V_{max} 与 n_0 的关系

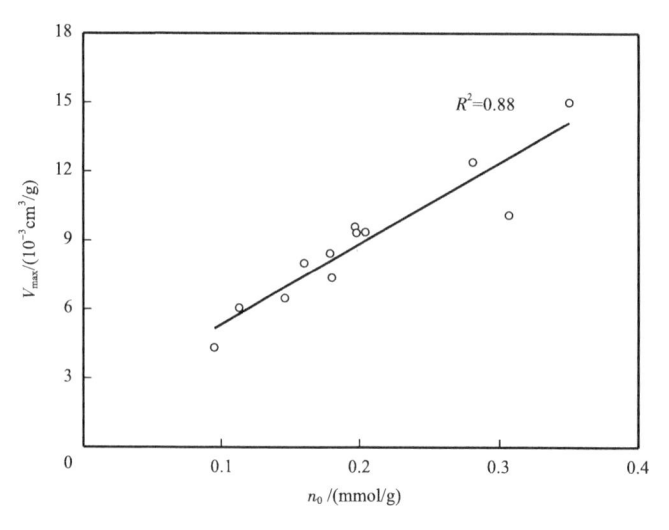

图 3.3.10　$-\Delta S$ 与 E_{ave} 的关系

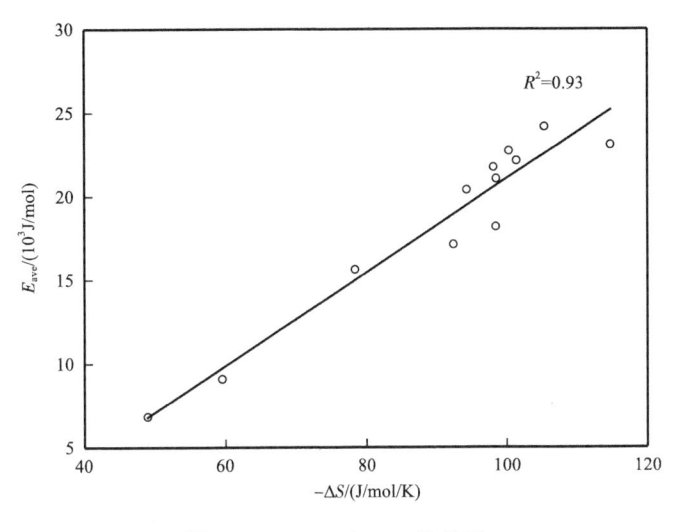

第四章　甲烷在含水页岩中的吸附

页岩储层原始条件下一般含水，为了更真实地模拟储层条件下页岩气吸附行为，结合 Langmuir 方程和 BET 吸附理论，建立了含水条件下的吸附模型，并通过实验数据对模型进行了验证，进一步分析了水相对甲烷吸附的影响。

第一节　页岩储层初始含水饱和度

页岩原始沉积环境为"饱和水"环境，这是由于有机质的保存需要依赖于一个"水动力条件弱"且"含氧量极低"的环境，在这样的环境中，有机物质才能够长期保存[147]。页岩气在成藏过程中会发生"生烃排水作用"和"汽化携液作用"[148-149]。"生烃排水作用"是指有机质转化为烃类的过程中，随着烃类物质的生成，孔隙压力逐渐增加，突破岩石的力学强度后产生裂缝，这些裂缝会为水的排出提供通道。"汽化携液作用"是在高温干燥的条件下，由于天然气汽化作用，地层水转变为气态，并被天然气携带到上覆地层。因此，在"生烃排水作用"和"汽化携液作用"下，储集层中部分水会被排出，但仍有残余。因此，页岩储层原始条件下一般含水[148-149]。

富气页岩储层的含水饱和度较低，对于北美已经实现商业化开发的页岩气区块，原始条件下其对应的含水饱和度一般小于 35%[149]，如图 4.1.1 所示。对于中国南方海相页岩，储层原始条件下的含水饱和度可以划分为 2 类：(1) 一类储层含水饱和度大于 50%，如昭通国家级页岩气示范区，岩心核磁离心测试显示储层原始条件下的含水饱和度在 63.25%~80.08% 的范围，该区的断裂和构造作用较强，造成了储层的破坏，导致地层水侵入，整体含水饱和度较高[148]。(2) 二类储层含水饱和度小于 50%，如涪陵、威远—长宁国家级页岩气示范区及富顺—永川页岩气区块，如图 4.1.1 所示，这类储层一般位于盆地内部稳定区，储层原始条件下的含水饱和度低、单井产量高。

相对于干燥条件下的页岩气吸附研究，含水条件下甲烷在页岩中的吸附研究相对有限。Ross 和 Bustin[150] 利用加拿大不列颠哥伦比亚省东北部的页岩样品，开展了含水条件下的甲烷吸附实验，最高实验压力 6MPa。他们发现：含水条件下页岩样品的饱和吸附量小于干燥样品，含水条件下页岩样品的饱和吸附量随着含水量的增加而单调下降，近似呈线性关系。他们认为吸附水分子占据了甲烷分子的潜在吸附位。Gasparik等[25]发现，存在一个临界含水量，当水分含量超过这一临界值时，即使继续增加水分，页岩的饱和吸附量也不会进一步降低。Merkel等[151]也发现，含水条件下页岩的饱和吸附量随着含水量的增加而降低，直到一个临界含水量，超过这个临界值后，额外水分的影响可以忽略不计。他们指出，页岩吸附能力的损失主要归因于黏土矿物遇水后吸附能力的下降。此外，Merkel等[152]测定了含水条件下不同页岩样品的甲烷吸附等温线。他们发现甲烷吸附量与总有机碳（TOC）含量呈正相关。

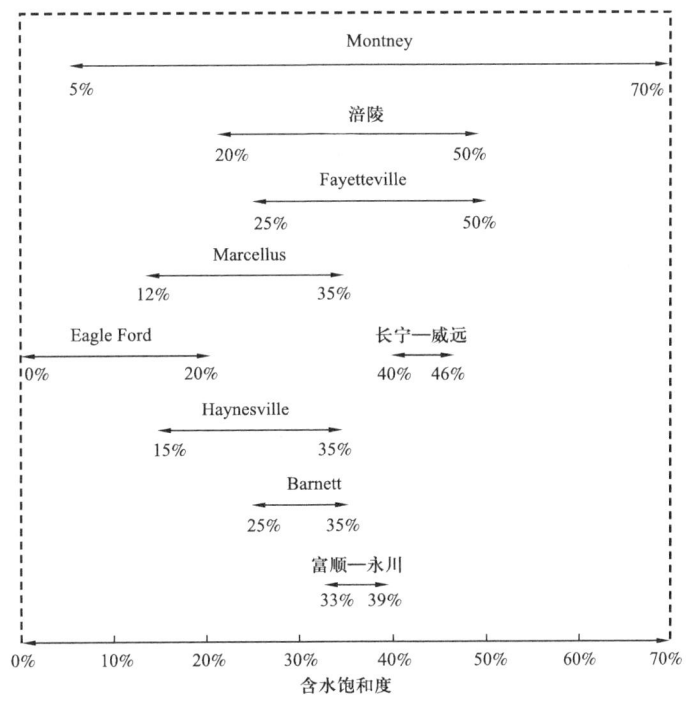

图4.1.1 不同储层含水饱和度分布

Yang等[153]和Shabani等[154]发现甲烷饱和吸附量与含水量呈非线性负相关，即甲烷饱和吸附量随着含水量的增加逐渐下降。Yang等将这一非线性下降过程分为3个阶段：初始下降阶段、急剧下降阶段和缓慢下降阶段。Shabani等发现：疏水的TOC含量越高，吸附水对甲烷饱和吸附量的影响越小。除了上述实验研究外，部分学者还利用分子模拟方法研究了吸附水对甲烷吸附的影响。这些研究对理解含水条件下的甲烷吸附行为有重要的意义。然而，GCMC计算成本较高，不适用于工程尺度下的模拟计算。因此，需要建立形式简洁、计算量小的理论模型来模拟含水条件下的页岩气吸附，以便开展页岩气储量评估和产量预测。目前，相关的研究工作还比较少，Li等[155]假设甲烷分子不仅可以吸附在页岩表面，还可以吸附在吸附水分子上，然后基于Langmuir方程建立了含水条件下的甲烷吸附模型。目前，Langmuir 方程常用于描述含水条件下的甲烷吸附行为[151, 153, 154]。为了描述实验测得的过剩吸附量随压力的变化，通常使用甲烷的吸附相密度作为拟合参数。但是，在某些情况下[151, 153, 154]，拟合得到的甲烷吸附相密度会超过其在沸点下的液态密度（422.53kg/m³），这不符合物理实际[156]。部分研究者[150]还建立了甲烷饱和吸附量与含水量的经验关系式，但这些经验关系式是基于少量实验样本建立的，不具有普适性。因此，需要建立一个具有明确物理意义的理论模型来描述甲烷在含水页岩中的吸附行为。

第二节　含水条件下的甲烷吸附模型

一、模型建立

针对上述问题，这里结合 Langmuir 方程和 Brunauer-Emmett-Teller（BET）吸附理论，考虑水分子对吸附的影响，建立了含水条件下的甲烷吸附模型，具体的建模过程如下。在吸附实验中，测量的吸附量称为过剩吸附量。但是，对于储层评估和生产预测，需要绝对（实际）吸附量。一般用 Gibbs 方程将过量吸附量转换为绝对吸附量[26]。

$$n_{ab} = n_{ex} \frac{\rho_{ads}}{\rho_{ads} - \rho_g} \quad (4.2.1)$$

式中　n_{ab}，n_{ex}——绝对吸附量和过量吸附量；

ρ_{ads}——甲烷的吸附相密度，kg/m³；

ρ_g——甲烷的体相密度，kg/m³。

ρ_{ads}——通常被作为一个与含水量相关的拟合参数[151, 153, 154]。

如 Wang 等[157]采用正态分布曲线来近似吸附甲烷的密度剖面，并建立了一个模型来估算 ρ_{ads}。但是，该模型涉及 3 个拟合参数，这些参数都与含水量相关。因此，采用这类模型来研究不同含水条件下的甲烷吸附时，拟合参数会成倍增加。为了避免这一问题，这里使用了与含水量无关的 ρ_{ads}。

假定干燥页岩中的单一吸附位最多只能容纳一个甲烷分子（单层吸附假设），因此可以用 Langmuir 方程来描述甲烷在干燥页岩中的吸附。

$$n_{ex}^D = A\varGamma_{ag} \frac{p}{p + p_L}\left(1 - \frac{\rho_g}{\rho_{ads}}\right) = n_{md} \frac{p}{p + p_L}\left(1 - \frac{\rho_g}{\rho_{ads}}\right) \quad (4.2.2)$$

式中　n_{ex}^D——干燥条件下的过量吸附量，mmol/g；

p——压力，MPa；

A——达到最大表面覆盖度时吸附甲烷分子的表面积，m^2/g；

Γ_{ag}——单位面积上吸附甲烷分子的量，mmol/g；

p_L——Langmuir 压力，MPa；

n_{md}——干燥条件下的饱和吸附量，mmol/g。

含水条件下，一些吸附位会被水分子占据。被水分子占据的吸附位便不再对甲烷开放，导致甲烷吸附量下降。此外，水分子在吸附过程中不仅会发生单层吸附，还可能形成多层吸附结构，如图4.2.1所示。

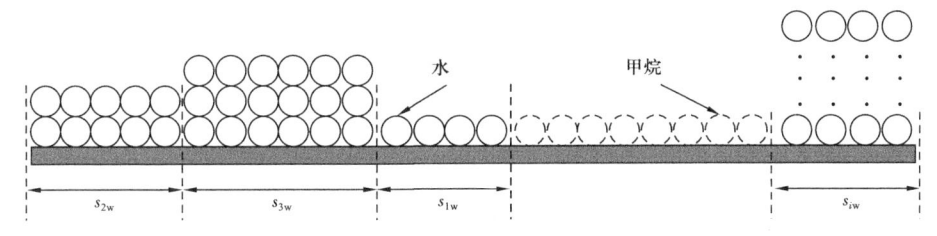

图 4.2.1 吸附位点、水分子和甲烷分子的示意图

每个吸附位点最多可以容纳一个甲烷分子（单层吸附），或者多个水分子（多层吸附）为了计算吸附水分子占据的表面积，这里基于BET理论[158]发展了一个简化模型。首先，假设单层吸附的水分子占据的表面积为s_{1w}，双层吸附的水分子占据的表面积为s_{2w}，三层吸附的水分子占据的表面积为s_{3w}，…，i层吸附的水分子占据的表面积为s_{iw}。因此，吸附水分子占据的总表面积为：

$$A_w = \sum_{i=1}^{\infty} s_{iw} \qquad (4.2.3)$$

进一步可以计算对应的含水量：

$$w_c = \Gamma_{aw} \sum_{i=1}^{\infty} i s_{iw} \qquad (4.2.4)$$

式中 Γ_{aw}——单层吸附条件下单位面积上的吸附水分子总量，$mmol/m^2$；

w_c——含水量，mmol/g。

将式（4.2.3）和式（4.2.4）结合可得：

$$\frac{A_w}{w_c / \Gamma_{aw}} = \frac{\sum_{i=1}^{\infty} s_{iw}}{\sum_{i=1}^{\infty} i s_{iw}} \qquad (4.2.5)$$

很明显，式（4.2.5）等号左端项小于1，将这一项用α代替可得：

$$A_w = \frac{\alpha w_c}{\Gamma_{aw}} \qquad (4.2.6)$$

因此，含水条件下可供甲烷吸附的有效表面积为总的表面积减去已经被吸附水占据的表面积：

$$A_e = A - A_w = A - \frac{\alpha w_c}{\Gamma_{aw}} \tag{4.2.7}$$

将式（4.2.2）和式（4.2.7）结合可得含水条件下的甲烷吸附模型：

$$\begin{aligned}
n_{ex}^{W} &= A_e \Gamma_{ag} \frac{p}{p+p_L}\left(1-\frac{\rho_g}{\rho_{ads}}\right) = \left(A\Gamma_{ag} - \frac{\alpha w_c A\Gamma_{ag}}{A\Gamma_{aw}}\right)\frac{p}{p+p_L}\left(1-\frac{\rho_g}{\rho_{ads}}\right) \\
&= \left(1-\frac{\alpha w_c}{w_m}\right) n_{md} \frac{p}{p+p_L}\left(1-\frac{\rho_g}{\rho_{ads}}\right) = n_{mw}\frac{p}{p+p_L}\left(1-\frac{\rho_g}{\rho_{ads}}\right)
\end{aligned} \tag{4.2.8}$$

式中 n_{ex}^{w}——含水条件下的过量吸附量，mmol/g；

n_{mw}——含水条件下的甲烷饱和吸附量，mmol/g；

w_m——单层吸附条件下的水的最大吸附量，mmol/g，w_m 可以通过水蒸汽吸附实验获得[153, 159]或是将其作为一个拟合参数。

当 $w_c=0$ 时，式（4.2.8）将退化为式（4.2.2），即干燥条件下的甲烷吸附模型。含水条件下的甲烷吸附模型一共包括 5 个拟合参数：α，n_{md}，p_L，w_m 和 ρ_{ads}，其中 ρ_{ads}，n_{md} 和 w_m 与吸附剂相关，只有 α 和 p_L 与含水量相关。此外，ρ_{ads} 和 n_{md} 可以通过干燥条件下的吸附实验数据获得。因此，N 个不同的含水条件下，对应 $2N+2$ 个拟合参数（$N-1$ 个 α，N 个 p_L，n_{md}，w_m 和 ρ_{ad}）。采用下述方程可以将含水量转换为含水饱和度：

$$w_c = \frac{10^3 S_w \phi \rho_w}{\rho_b M_w} \tag{4.2.9}$$

式中 ρ_b——岩石的密度，kg/m³；

ϕ——孔隙度；

S_w——含水饱和度；

M_w——水的摩尔质量，g/mol；

ρ_w——水相密度，kg/m³。

二、模型验证

采用含水条件下的甲烷吸附实验数据来测试建立的甲烷吸附模型。这里采用的吸附实验数据对应的最高实验压力大于 15MPa，初始含水饱和度在 0~70% 的范围，如图 4.1.1 所示。首先，采用 Yang 等[153]的实验数据来验证模型，对应的模型结果和实验数据如图 4.2.2（a）、（b）和（c）所示。整体来看，含水条件下的甲烷吸附模型给出的结果与实验结果较为一致，对应的平均相对误差小于 3%，拟合得到的模型参数见表 4.2.1，其中与含水量无关的两个参数 n_{md} 和 ρ_{ads} 通过干燥条件下的吸附实验数据确定。

进一步，采用 Merkel 等[151]的吸附实验数据来验证含水条件下的甲烷吸附模型。Merkel 等[151]首先在 296K 下利用饱和盐水溶液对页岩样品进行平衡水处理，然后分别在 318K 和 348K 下测量了甲烷的吸附等温线。因此，高温条件下的吸附实验会导致水分的损失。在 318K 的条件下，水分损失相对较少，占初始水分含量的 1%～8%。然而，当温度升高至 348K 时，水分损失显著增加，占初始水分含量的 12%～27%。因此，这里只采用 318K 条件下的吸附实验数据来测试含水条件下的甲烷吸附模型。与含水量无关的两个参数 n_{md} 和 ρ_{ads} 通过干燥条件下的吸附实验数据确定。含水条件下的甲烷吸附模型给出的结果与实验数据较为一致，如图 4.2.2（c）和图 4.2.3（c）所示，对应的拟合参数见表 4.2.1。

最后，采用 Shabani 等[154]的吸附实验数据来验证含水条件下的甲烷吸附模型，模型结果与实验数据的对比如图 4.2.2（d）和图 4.2.3（d）-（g）所示，对应的模型参数见表 4.2.2，含水条件下的甲烷吸附模型较好地描述了实验数据，对应的平均相对误差为 2.41%～4.74%。

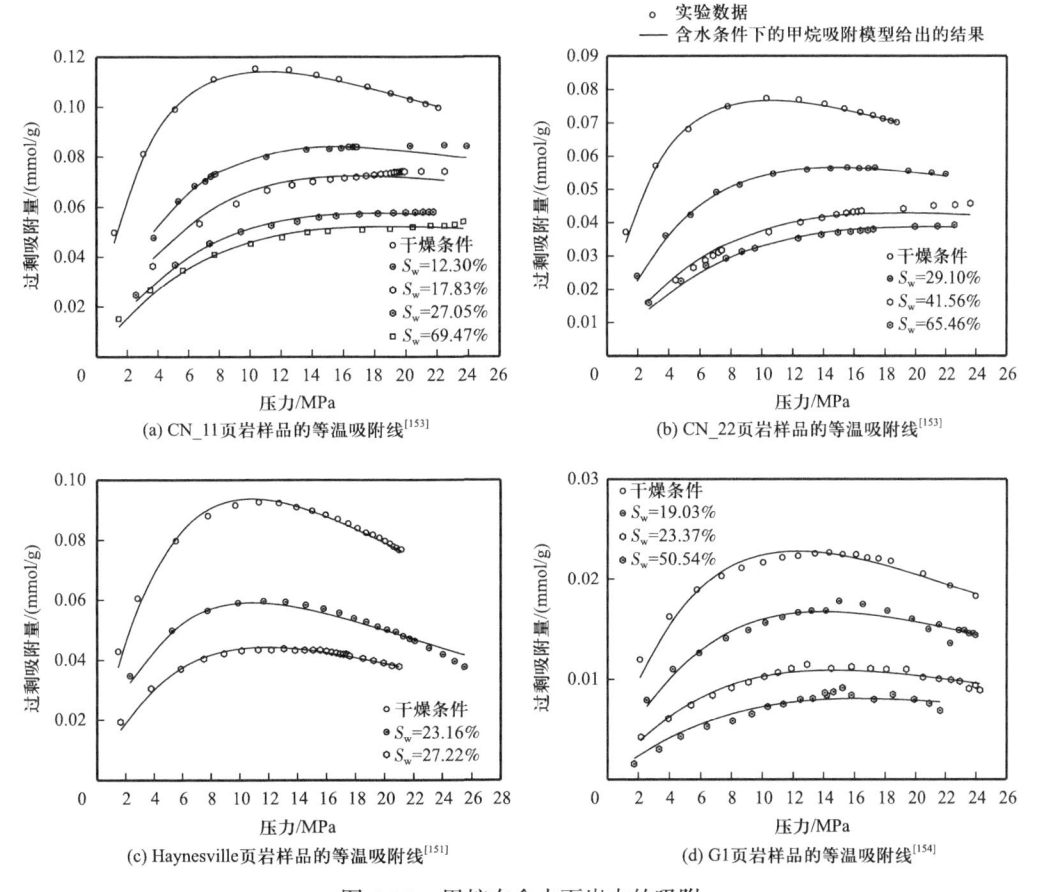

图 4.2.3 甲烷在含水页岩中的吸附

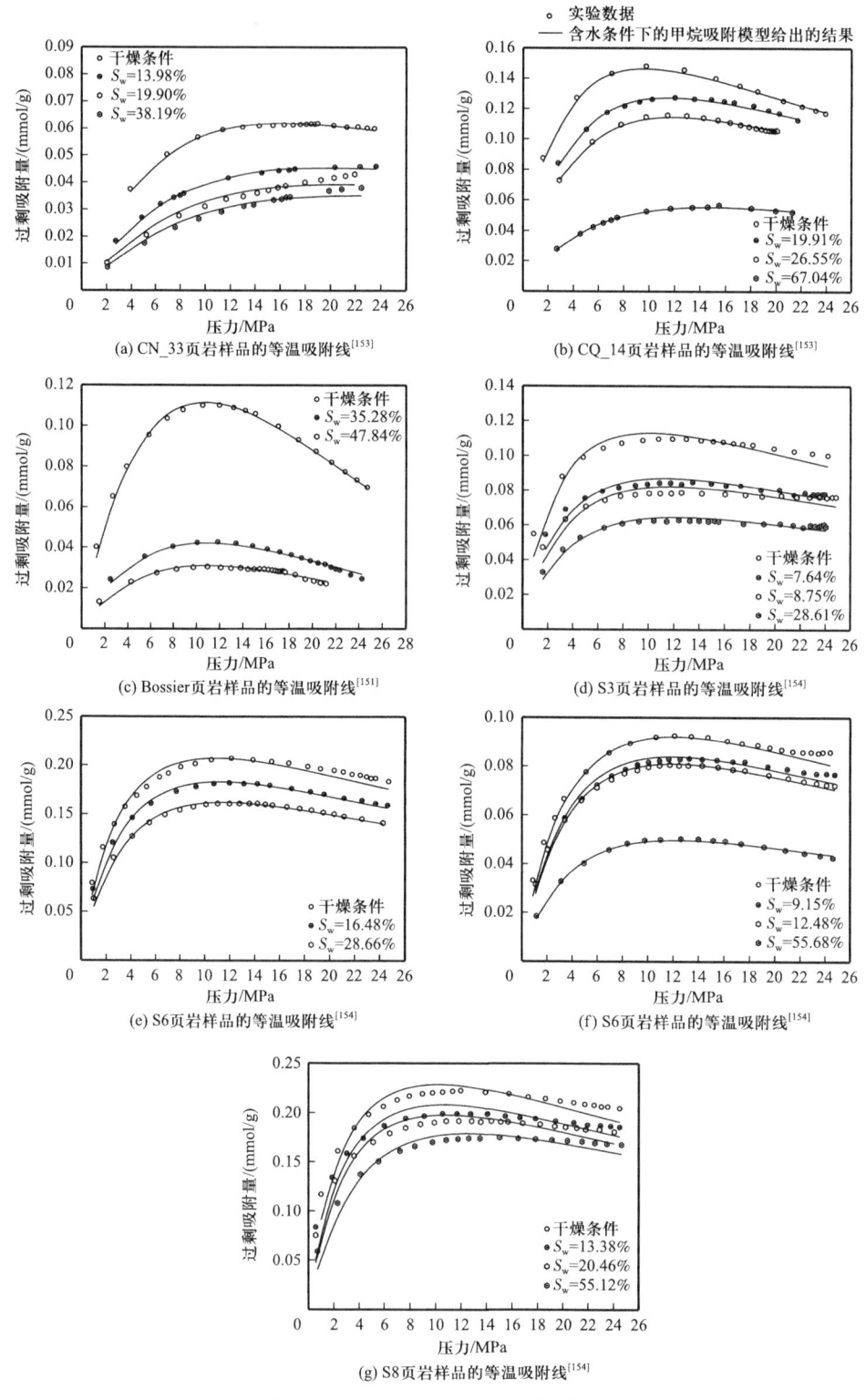

图 4.2.4 甲烷在含水页岩中的吸附

表 4.2.1 含水条件下的甲烷吸附模型对应的拟合参数

页岩样品	RH[①]/%	WC[①]/(mmol/g)	S_w[②]/%	n_{md}[③]/(mmol/g)	α[③]	p_L[③]/MPa	w_m/(mmol/g)	ρ_a[③]/(kg/m³)
CN_11	0	0	0	0.18	—	3.41	0.31[④]	422.53
	33	0.40	12.30		0.010	9.02		
	53	0.58	17.83		0.040	11.31		
	75	0.88	27.05		0.072	13.67		
	97	2.26	69.47		0.034	15.02		
CN_22	0	0	0	0.12	—	3.02	0.31[④]	422.53
	33	0.28	29.10		0.033	7.92		
	53	0.40	41.56		0.034	15.31		
	75	0.63	65.46		0.027	18.56		
CN_33	0	0	0	0.14	—	10.14	0.25[④]	422.50
	33	0.26	13.98		0.094	16.53		
	53	0.37	19.90		0.101	19.85		
	75	0.71	38.19		0.060	23.55		
CQ_14	0	0	0	0.22	—	2.50	0.34[④]	403.40
	33	0.30	19.91		0.002	4.47		
	53	0.40	26.55		0.075	4.75		
	75	1.01	67.04		0.155	8.68		
Haynesville	0	0	0	0.20	—	5.98	0.12[③]	294.09
	33	0.57	23.16		0.080	6.01		
	53	0.67	27.22		0.085	8.37		
Bossier	0	0	0	0.30	—	9.25	0.11[③]	246.17
	33	0.73	35.28		0.097	9.26		
	53	0.99	47.84		0.082	9.74		

注：① WC 代表含水量，WC 和 RH 的取值参考了 Yang 等[153]和 Merkel 等[151]的工作。
② 这些参数采用式（4.2.9）计算。
③ 拟合参数。
④ 这些参数的取值参考了 Yang 等[153]的工作。

表 4.2.2 含水条件下的甲烷吸附模型对应的拟合参数（二）

页岩样品	RH[①]/%	WC[②]/(mmol/g)	S_w[①]/%	n_{md}[③]/(mmol/g)	α[③]	p_L[③]/MPa	w_m[③]/(mmol/g)	ρ_a[③]/(kg/m³)
G1	0	0	0	0.05	—	8.62	0.08	305.90
	33	0.33	19.03		0.026	13.46		
	53	0.41	23.37		0.075	15.77		
	97	0.89	50.54		0.038	24.45		
S3	0	0	0	0.17	—	2.68	0.20	422.50
	33	0.20	7.64		0.175	3.67		
	53	0.23	8.75		0.177	4.02		
	97	0.75	28.61		0.096	4.45		
S4	0	0	0	0.33	—	3.37	0.36	422.53
	33	0.22	16.48		0.173	3.54		
	53	0.38	28.66		0.180	3.84		
S6	0	0	0	0.15	—	4.15	0.25	424.87
	33	0.17	9.15		0.133	4.20		
	53	0.23	12.48		0.134	4.21		
	97	1.01	55.68		0.114	4.39		
S8	0	0	0	0.35	—	2.82	0.26	422.50
	33	0.22	13.38		0.081	3.08		
	53	0.34	20.46		0.082	3.21		
	97	0.92	55.12		0.031	4.77		

注：① 这些参数的取值参考了 Shabani 等[154]的工作。
② 这些参数采用式（4.2.9）计算。
③ 拟合参数。

表 4.2.1 和表 4.2.2 显示，拟合得到的 α 值远低于 1，这意味着只有少量的吸附水分子占据了可容纳甲烷的吸附位。这是因为水分子吸附为多层吸附，而甲烷吸附为单层吸附。对于多层吸附，只有最贴近表面那一层上的吸附位能够容纳甲烷分子。此外，吸附水分子还可以存在于大孔中，而这些大孔对甲烷分子的吸附能力弱[160]。

第三节　水相对甲烷吸附的影响

表 4.2.1 和表 4.2.2 显示，拟合得到的 α 值通常随着含水饱和度 S_w 的增加而增加，直到一个过渡点。超过这个过渡点后，随着 S_w 的增加，α 值会减小。这是因为：水分子更倾向于附着在含氧官能团上，但是这些吸附位的数量是有限的。随着 S_w 的增加，更多的水分子会占据亲水矿物上的吸附位。在这种情况下，α 值随着 S_w 的增加而增加。随着 S_w 的进一步增加，更多的水分子将会通过氢键吸附。因此，随着 S_w 的进一步增加，α 值会减小。然而，CQ_14、Haynesville 和 S4 样品对应的 α 随着 S_w 的增加而单调增加。这可能是因为：对于 Haynesville 和 S4 样品，研究的含水饱和度范围低于 40%。在低含水饱和度下，亲水矿物上有许多未被占据的吸附位。随着含水饱和度的增加，水分子将吸附在这些吸附位上。因此，α 值随着 S_w 的增加而增加。至于 CQ_14 样品，在含水饱和度 26.55%~67.04% 的范围内缺乏吸附数据。因此，过渡点可能位于这个范围内。

水相的存在对甲烷吸附有不利影响。如图 4.3.1 所示，含水条件下页岩饱和吸附量比干燥条件下降低了 0.20%~71.42%。此外，当含水饱和度小于 30% 时，页岩饱和吸附量的降幅不超过 50%。图 4.3.1 还显示，大多数点落在 $k=1$ 对应的实线和 $k=0.7$ 对应的虚线之间。只有两个点落在 $k=0.5$ 对应的虚线以下，这意味着大多数情况下，页岩饱和吸附量的降幅不超过 50%。

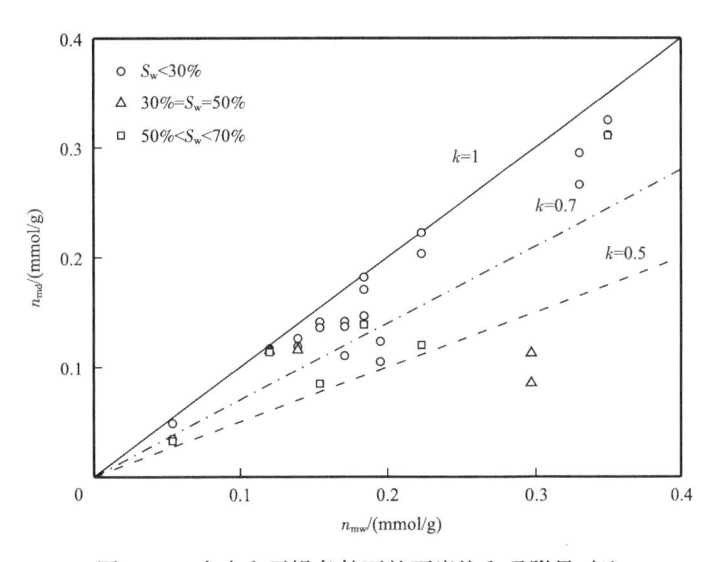

图 4.3.1　含水和干燥条件下的页岩饱和吸附量对比

图 4.3.2 和图 4.3.3 显示：当含水饱和度小于 70% 时，随着含水量的增加，页岩饱和吸附量呈现出线性下降的趋势，对应的斜率，即 $n_{mw}/w_c - n_{md}/w_c$ 的值，在 -0.22~-0.02 的

范围内，这意味着 0.02~0.22 个甲烷分子对应的吸附位会被水分子占据。因此，只有少数吸附水分子能够占据那些本可用于容纳甲烷分子的吸附位。Gasparik 等[25]基于高含水量（≥75% RH）下甲烷吸附的数据，通过方程 $(n_{md}-n_{mw})/w_m$ 估算出含水条件下 1 个水分子可以占据 0.2~0.3 个甲烷分子的吸附位，略高于 0.02~0.22。这是因为，在高含水条件下，w_c（水含量）大于 w_m（水分子数）。因此，Gasparik 等[25]的估算结果要高。Merkel 等[151]的研究表明，存在一个关键的临界含水量，一旦超过这个值，含水量的增加将不再对甲烷的吸附产生影响。图 4.3.2 中并未出现这一现象，这是因为这里研究的是低、中等含水条件下（含水饱和度<70%）的甲烷吸附。

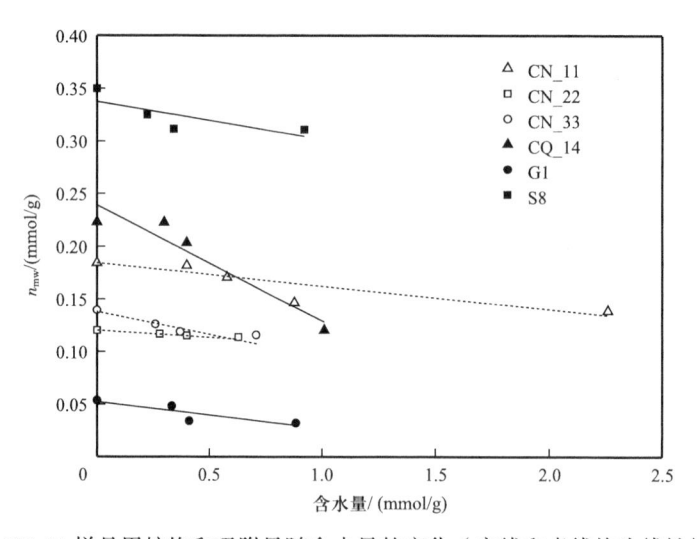

图 4.3.2 CN_11 样品甲烷饱和吸附量随含水量的变化（实线和虚线均为线性拟合结果）

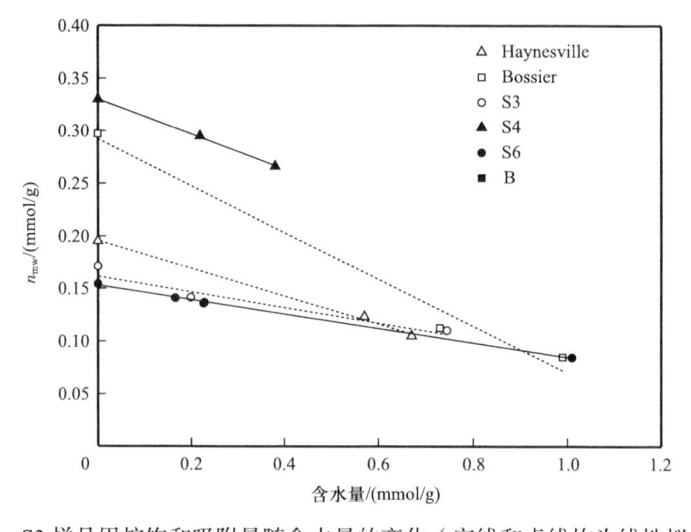

图 4.3.3 S3 样品甲烷饱和吸附量随含水量的变化（实线和虚线均为线性拟合结果）

对于含水条件下的甲烷吸附，拟合得到的 Langmuir 压力 p_L 通常大于干燥条件下的值，见表 4.2.1 和表 4.2.2。图 4.3.4 和图 4.3.5 显示，随着含水饱和度增加，Langmuir 压力 p_L 增加。Shabani et al.[154] 和 Li, Kroos[161] 同样发现 Langmuir 压力 p_L 与含水量呈正相关。这是因为 Langmuir 压力可以写成类似 Arrhenius 方程的形式。

$$p_L = p_0 \exp\left(-\frac{\Delta S}{R}\right)\exp\left(\frac{\Delta H}{R}\right) \qquad (4.3.1)$$

式中　ΔH——吸附焓变，J/mol；

　　　ΔS——吸附熵变，J/(mol/K)；

　　　p_0——参考压力，取 0.1MPa。

$-\Delta S$ 越大，意味着吸附后甲烷分子自由度的损失越大，也就是说，吸附后甲烷分子受到的约束更强。$-\Delta H$ 常用于表征气固相互作用的强度，$-\Delta H$ 越大，气固相互作用越强。Zhao 等[162] 利用分子模拟研究了含水条件下甲烷在干酪根中的吸附，他们发现等温吸附热随着含水量的增加而降低。Jin 和 Firoozabadi[163] 也指出，吸附水弱化了甲烷分子与固体表面之间的相互作用。此外，水分子更倾向于占据高能量的吸附位，迫使甲烷分子在低能量的吸附位上吸附，这也导致了甲烷—页岩相互作用强度的降低（对应 $-\Delta H$ 的降低）。除此之外，当存在吸附水时，吸附甲烷分子的可动性下降[164]。因此，含水条件下的 $-\Delta S$ 比在干燥条件下的更大。根据式（4.3.1），p_L 与 $-\Delta S$ 和 ΔH 成正比。因此，随着含水饱和度 S_w 的增加，p_L 增加，这也从分子层面解释了为什么 Langmuir 压力 p_L 与含水量呈正相关。

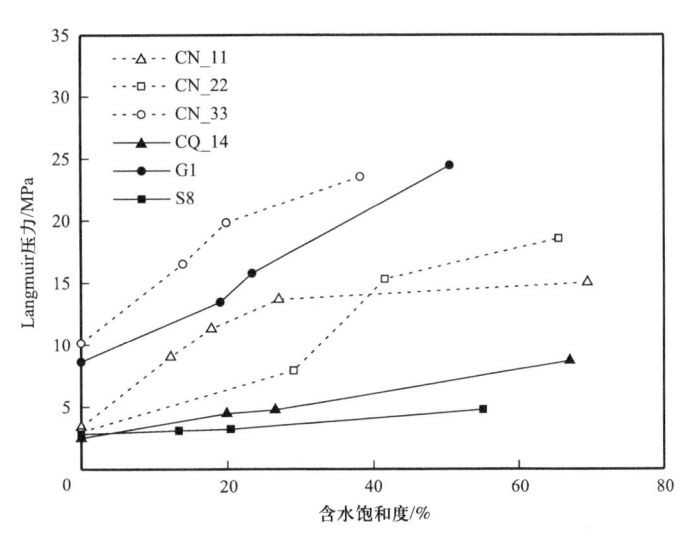

图 4.3.4　CN_11 样品 Langmuir 压力随含水饱和度的变化

进一步研究了含水条件下页岩的关键组成（黏土矿物、石英和有机质）对甲烷吸附的影响。其中，黏土矿物和石英是页岩的主要成分，有机质则对甲烷吸附有重要影响。各个页岩样品的黏土矿物、石英和有机质含量见表 4.3.1。一般认为黏土矿物中的孔隙是亲水的，因此水分子主要赋存于这些孔隙中。但是，从图 4.3.5 中可以看出，当相对湿度为 33% 时，含水量与黏土矿物含量呈正相关，对应的 R^2 较低，仅为 0.59。这是因为，页岩中还存在其他亲水矿物，如石英。此外，水分子还可以附着在有机质中的含氧官能团上[165]。

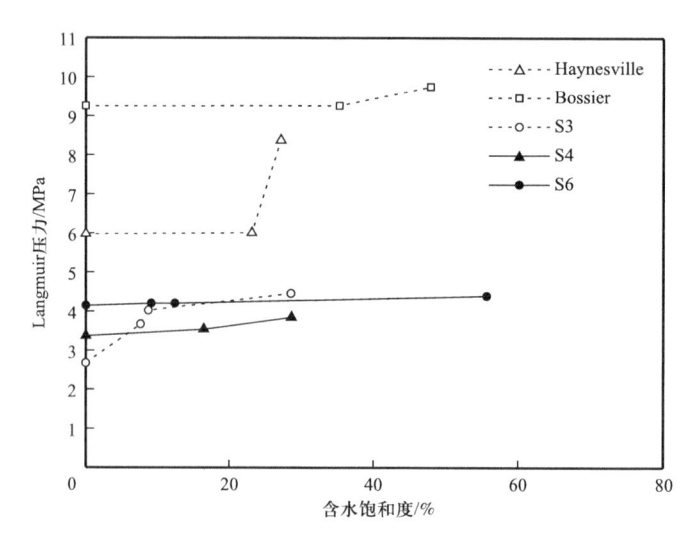

图 4.3.5 S3 样品 Langmuir 压力随含水饱和度的变化

表 4.3.1 页岩样品的关键矿物组成[151, 153-154]

样品	TOC/%（质量分数）	R_{eq}/%	黏土矿物 /%（质量分数）	石英 /%（质量分数）
CN_11	4.83[①]	2.80[①]	26.00[①]	72.6[①]
CN_22	2.87[①]	2.80[①]	17.20[①]	55.4[①]
CN_33	0.96[①]	2.80[①]	45.50[①]	20.3[①]
CQ_14	9.40[①]	2.40[①]	22.60[①]	58.1[①]
Haynesville	3.10[②]	2.50[②]	47.80[②]	26.7[②]
Bossier	2.20[②]	2.20[②]	57.70[②]	24.4[②]
G1	1.51[③]	1.01[③]	5.00[③]	3.00[③]
S3	5.79[③]	1.28[③]	4.00[③]	21.00[③]
S4	10.94[③]	1.69[③]	3.00[③]	11.00[③]
S6	5.41[③]	1.69[③]	20.00[③]	6.00[③]
S8	15.91[③]	1.77[③]	5.00[③]	15.00[③]

注：① Yang et al.[153]；
② Merkel et al.[151]；
③ Shabani et al.[154]。

图 4.3.6 还显示,当相对湿度为 97% 时,含水量与黏土矿物含量存在中等程度的正相关（R^2=0.66）。这可能是因为,当相对湿度较低时,水分子更倾向于吸附在含氧官能团上,这些官能团主要存在于亲水和疏水矿物的表面。但是,含氧官能团提供的吸附位数量有限,在高水含量下,水分子主要赋存于亲水孔隙中。因此,当相对湿度较高时,含水量与黏土矿物含量的相关性更强。

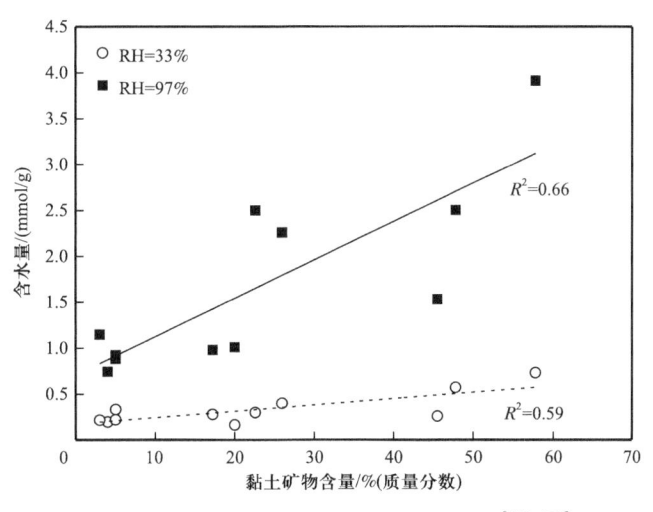

图 4.3.6 含水量和黏土矿物含量的关系[152-154]

图 4.3.7 显示,含水量和石英含量呈正相关,但相关性较弱,尤其是在相对湿度较低的情况下。Liu 等[166]指出,随着石英含量的增加,页岩比表面积降低；随着黏土矿物含量增加,页岩比表面积增加。此外,水分子与黏土矿物之间的相互作用强于水分子与石英之间的相互作用[167-168]。因此,含水量与黏土矿物含量的相关性要强于石英。

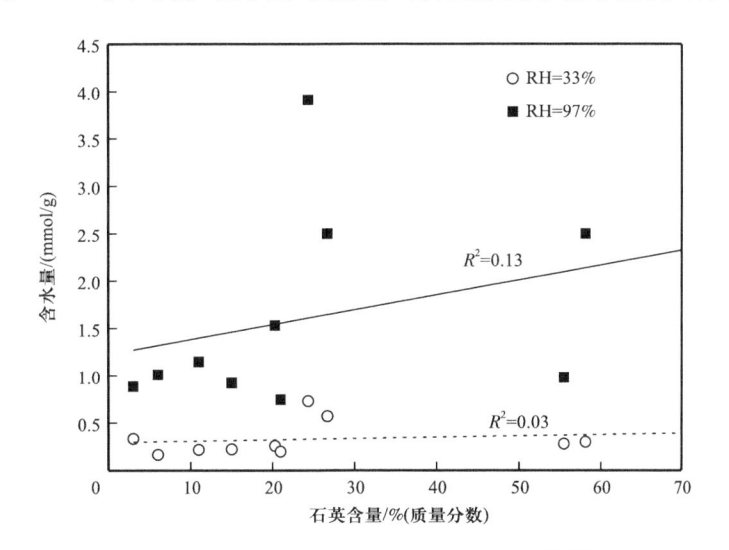

图 4.3.7 含水量与石英含量的相关性[152-154]

页岩中有机质含量一般较低，但有机质对甲烷吸附有重要影响。在干燥条件下，饱和吸附容量与TOC含量呈现出中等程度的正相关（$R^2=0.54$），如图4.3.8（a）所示。黏土矿物含量也会影响甲烷吸附，尽管甲烷分子与黏土矿物之间的相互作用强度（$9.40\times10^3\sim1.66\times10^4$J/mol）[169]比甲烷分子与有机质之间的相互作用强度（$2.19\times10^4\sim2.8\times10^4$J/mol）低[170]，但是黏土矿物比表面积大、吸附位多。在含水条件下，相对于有机质，黏土矿物对甲烷的吸附能力更容易受到水的影响。这是因为，黏土矿物一般亲水，因此黏土矿物上的吸附位很容易被水分子占据。因此，在含水条件下，甲烷饱和吸附量与有机质含量的相关性更强，如图4.3.8（b）所示，这与Chalmers和Bustin的研究结果一致[171]。当相对湿度为33%和53%时，对应的等效含水饱和度为7.64%~47.84%，与实际页岩储层的含水饱和度一致。因此，尽管在干燥的实验条件下，黏土矿物和有机质均会影响甲烷吸附。但是，在储层条件下，页岩的吸附能力主要受有机质的控制。图4.3.8（b）中存在一个异常值（箭头标记处），对应的页岩样品是G1，这是因为该样品的热成熟度最低。随着热成熟度的降低，有机质的微孔—介孔减少，吸附能力降低[172-173]。此外，较低成熟度的干酪根含有更多含氧官能团，因此这类干酪根对甲烷的吸附能力更容易受到水相的影响[174-175]。

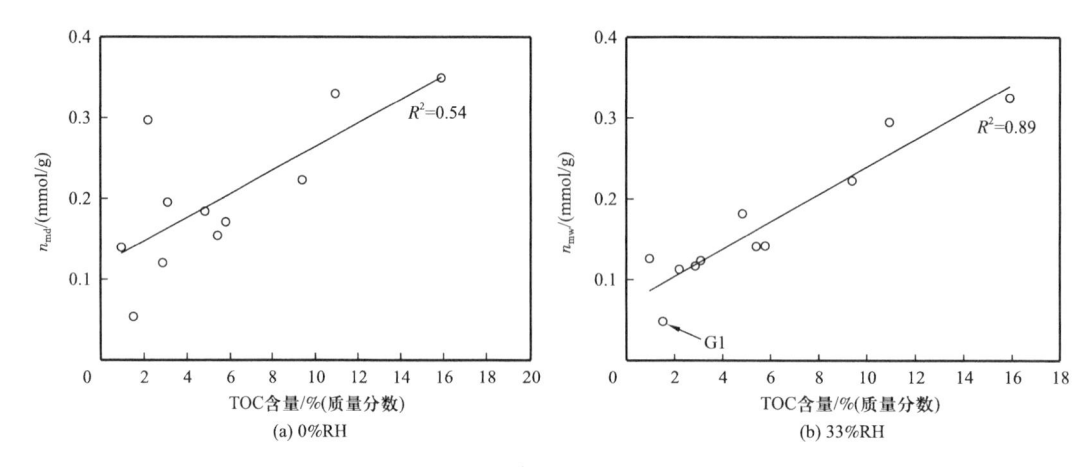

图4.3.8 饱和吸附量随TOC含量的变化

第五章　基于吸附势理论的页岩多组分气体吸附模型

本章以多组分吸附势理论[67]（MPTA）为基础，采用Dubinin-Astakhov（DA）势能函数[44]描述吸附剂与吸附质分子的相互作用，并采用混合链扰动统计缔合流体理论[176-177]（hPC-SAFT）描述吸附质分子间的相互作用，建立了微纳孔隙多组分吸附模型（hPC-SAFT-MPTA），并采用公开发表的实验数据对模型进行了验证。

第一节　现有多组分气体吸附模型的不足

目前绝大多数研究都假设页岩气为单组分气体（甲烷）。对于某些区块，如涪陵和威远—长宁区块，页岩气组分中甲烷含量接近100%，因此可以将页岩气简化为单组分气体，即甲烷。但是，对于另外一些页岩气区块，如延长和岑巩区块，页岩气中乙烷等组分的含量相对较高，因此有必要考虑多组分的情形。

第一章介绍了多组分气体吸附理论的研究现状。目前，物理化学界已经对多组分气体吸附平衡开展了较为广泛的研究，发展了一系列多组分气体吸附模型，如基于Langmuir方程的扩展模型、IAST模型、2D-EOS模型和Ono-Kondo模型等。但是，物理化学界的研究对象主要是人造材料，如活性炭、沸石等，且主要针对低压、中压吸附系统。页岩是一种非均质性极强的天然多孔材料，储层条件下多组分气体吸附平衡还受到高温、高压的影响，具有明显的特殊性。因此，有必要发展页岩气多组分气体吸附模型。

第二节　吸附质分子间的相互作用表征

要模拟多组分气体在页岩上的吸附平衡，首先要准确描述吸附质分子间的相互作用。因此，需要一个高精度的状态方程。自从1873年van der Waals状态方程问世后，不断有新的状态方程出现。但是这些状态方程大多数是针对化工过程的。储层条件下，温度、压力较高，具有明显的特殊性。因此，选择的状态方程必须要适用于高温、高压条件。这里我们选择了混合链扰动统计缔合流体理论（hPC-SAFT）描述吸附质分子间的相互作用。hPC-SAFT 是基于链扰动统计缔合流体理论（PC-SAFT）建立的。PC-SAFT 又源于统计缔合流体理论（SAFT）。下面首先介绍 SAFT。

SAFT[178]是基于热力学微扰理论并结合统计力学方法建立的。SAFT 是一种以硬球链为基础的状态方程，它将链分子视为自由连接在一起的正切型硬球。这些链节不但受到硬球排斥力和色散吸引力的作用，还可能受到共价键作用和缔合作用[179]。图 5.2.1 展示了从硬球流体到真实流体的过程。初始时，流体由大小相同的多个硬球构成。随后，赋予每个硬球一个或者多个黏结点，在共价键的作用下这些硬球会黏结在一起形成链状分子。进一步地，将特殊的相互作用（如氢键）引入链分子的某些位置，进而形成缔合分子。最后，加入分子间吸引力，并采用适当的势能函数描述分子间的相互作用，如方阱势能函数。上述过程的每一步都会对自由能产生贡献。

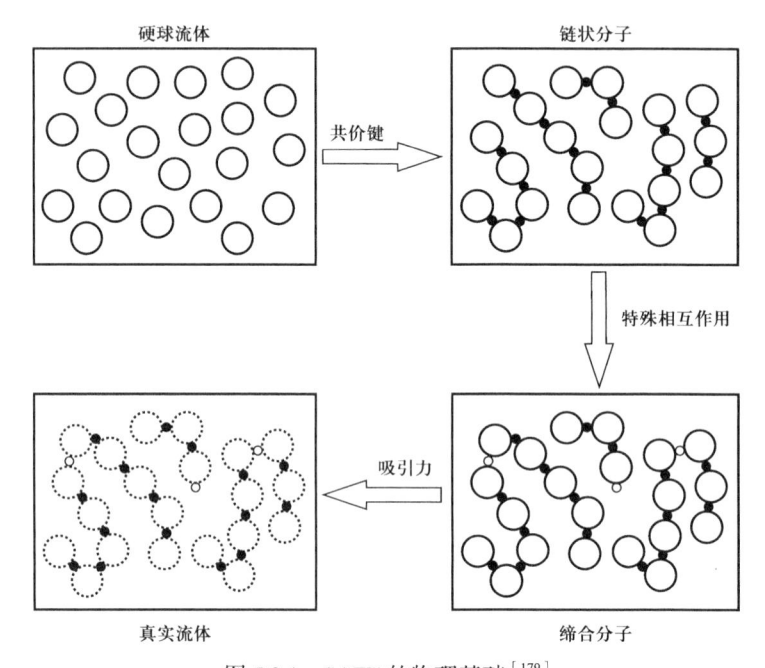

图 5.2.1 SAFT 的物理基础[179]

不同的分子具有不同的链节数和链节直径，其势能参数也不同。因此，对于非缔合流体，需要 3 个模型参数，即链节数、链节直径和链节间方阱势能阱深。对于缔合流体，还需要两个表征缔合作用的参数，即每个分子上的缔合点数和缔合点处未缔合分子的摩尔分数。页岩气中不含有缔合流体，因此本文的研究仅限于非缔合流体。

SAFT 应用范围广，可以描述各种体系的热力学性质，包括小分子、大分子、聚合物和缔合分子等[179]。自 SAFT 提出后，不断有研究者对其进行改进。其中最著名的工作是 Gross 和 Sadowski[180]在 2001 年提出的 PC-SAFT。PC-SAFT 和 SAFT 的不同之处在于，

PC-SAFT 以硬球链流体为参考体系，而 SAFT 以硬球流体为参考体系[180]。此外，PC-SAFT 还考虑了分子形状对色散项的影响，并基于 Barker 和 Henderson[181-182] 的微扰理论建立了新的色散项[180]。PC-SAFT 在工程上的应用非常广泛，并被集成到大型流程模拟软件 Aspen Plus 中。本章将基于 PC-SAFT 计算多组分气体在页岩上的吸附平衡。因此，下面介绍 PC-SAFT。

一、链扰动统计缔合流体理论

（1）Helmholtz 自由能。

Helmholtz 自由能是一个重要的状态函数。简化的 Helmholtz 自由能（无量纲量）可以表示为：

$$a = \frac{A}{RT} \tag{5.2.1}$$

式中　A——Helmholtz 自由能，J/mol；

　　　R——理想气体常数，J/mol/K；

　　　T——温度，K。

基于剩余 Helmholtz 自由能可以导出一系列流体热力学性质，如压缩因子、逸度系数、摩尔体积、熵和焓等。PC-SAFT 以硬球链流体为参考体系，并引入吸引项作为微扰项。因此，在 PC-SAFT 中，剩余 Helmholtz 自由能 a^{res} 表示为两项之和[180]：

$$a^{res} = a^{hc} + a^{disp} = ma^{hs} + a^{chain} + a^{disp} \tag{5.2.2}$$

$$m = \sum_i x_i m_i \tag{5.2.3}$$

其中第一项为硬球链参考项 a^{hc}，它包含了硬球排斥力的贡献 a^{hs} 和成链作用的贡献 a^{chain}。第二项为微扰项，表征色散力的贡献 a^{disp}。本文不涉及缔合流体的研究，因此，式（5.2.2）中不包含缔合项。m 是平均链节数，x_i 是组分 i 的摩尔分数，m_i 是组分 i 的链节数。

硬球排斥力的贡献 a^{hs} 为[180]：

$$a^{hs} = \frac{1}{\zeta_0} \left[\frac{3\zeta_1 \zeta_2}{1-\zeta_3} + \frac{\zeta_2^3}{\zeta_3(1-\zeta_3)^2} + \left(\frac{\zeta_2^3}{\zeta_3^2} - \zeta_0 \right) \ln(1-\zeta_3) \right] \tag{5.2.4}$$

$$\zeta_n = \frac{\pi}{6} \rho_{num} \sum_i x_i m_i d_i^n \qquad n \in \{0, 1, 2, 3\} \tag{5.2.5}$$

式中　ρ_{num}——分子数密度（每 Å³ 分子的数目），Å⁻³；

　　　d_i——组分 i 的有效链节直径，Å。

d_i 与温度相关，其表达式为[182]：

$$d_i = \sigma_i \left[1 - 0.12\exp\left(-\frac{3\epsilon_i}{kT}\right)\right] \qquad (5.2.6)$$

式中　σ_i——组分 i 的链节直径，Å；

　　　ϵ_i——组分 i 的方阱势能阱深，J；

　　　k——Boltzmann 常数，J/K。

成链作用的贡献 a^{chain} 为[180]：

$$a^{\text{chain}} = \sum_i x_i(1-m_i)\ln g_{ii}^{\text{hs}}(\sigma_{ii}) \qquad (5.2.7)$$

$$g_{ij}^{\text{hs}} = \frac{1}{1-\zeta_3} + \frac{d_i d_j}{d_i + d_j}\frac{3\zeta_2}{(1-\zeta_3)^2} + \left(\frac{d_i d_j}{d_i + d_j}\right)^2 \frac{2\zeta_2^2}{(1-\zeta_3)^3} \qquad (5.2.8)$$

采用式（5.2.9）计算色散力的贡献 a^{disp} [180]：

$$a^{\text{disp}} = -2\pi\rho_{\text{num}}I_1(\eta,m)\overline{m^2\epsilon\sigma^3} - \pi\rho_{\text{num}}mC_1 I_2(\eta,m)\overline{m^2\epsilon^2\sigma^3} \qquad (5.2.9)$$

$$C_1 = \left\{1 + m\frac{8\eta - 2\eta^2}{(1-\eta)^4} + (1-m)\frac{20\eta - 27\eta^2 + 12\eta^3 - 2\eta^4}{[(1-\eta)(2-\eta)]^2}\right\}^{-1} \qquad (5.2.10)$$

$$\overline{m^2\epsilon\sigma^3} = \sum_i\sum_j x_i x_j m_i m_j \left(\frac{\epsilon_i}{kT}\right)\sigma_{ij}^3 \qquad (5.2.11)$$

$$\overline{m^2\epsilon^2\sigma^3} = \sum_i\sum_j x_i x_j m_i m_j \left(\frac{\epsilon_i}{kT}\right)^2\sigma_{ij}^3 \qquad (5.2.12)$$

$$I_1(\eta,m) = \sum_{i=0}^{6} a_i(m)\eta^i \qquad (5.2.13)$$

$$I_2(\eta,m) = \sum_{i=0}^{6} b_i(m)\eta^i \qquad (5.2.14)$$

其中，η 为对比密度（链节充装分数）。基于式（5.2.5）可以求得分子数密度 ρ_{num}[180]：

$$\rho_{\text{num}} = \frac{6}{\pi}\eta\left(\sum_i x_i m_i d_i^3\right)^{-1} \qquad (5.2.15)$$

进一步地，可以求得摩尔密度 ρ：

$$\rho = \frac{\rho_{\text{num}}}{N_{\text{AV}}}10^{30} \tag{5.2.16}$$

式中 ρ——摩尔密度，mol/m^3；

N_{AV}——Avogadro 常数，1/mol。

式（5.2.13）和式（5.2.14）中的系数 a_i 和 b_i 和链节长度有关[180]：

$$a_i(m) = a_{0i} + \frac{m-1}{m}a_{1i} + \frac{m-1}{m}\frac{m-2}{m}a_{2i} \tag{5.2.17}$$

$$b_i(m) = b_{0i} + \frac{m-1}{m}b_{1i} + \frac{m-1}{m}\frac{m-2}{m}b_{2i} \tag{5.2.18}$$

采用 Lorentz-Berthelot 法则确定 σ_{ij} 和 ϵ_{ij}，即采用算数平均计算 σ_{ij}，采用几何平均计算 ϵ_{ij}[180]：

$$\sigma_{ij} = \frac{1}{2}(\sigma_i + \sigma_j) \tag{5.2.19}$$

$$\epsilon_{ij} = \sqrt{\epsilon_i \epsilon_j}(1 - k_{ij}) \tag{5.2.20}$$

其中，k_{ij} 为双组分相互作用参数，一般设为 0 或是作为拟合参数。

（2）压缩因子。

基于经典的热力学关系式，真实流体的压缩因子可以表示为：

$$Z = Z^{\text{ideal}} + Z^{\text{res}} = 1 + Z^{\text{res}} \tag{5.2.21}$$

$$Z^{\text{res}} = \eta\left(\frac{\partial a^{\text{res}}}{\partial \eta}\right)_{T,x_i} = Z^{\text{hc}} + Z^{\text{disp}} = mZ^{\text{hs}} + Z^{\text{chain}} + Z^{\text{disp}} \tag{5.2.22}$$

将式（5.2.4）代入式（5.2.22）可得硬球排斥力的贡献 Z^{hs}[180]：

$$Z^{\text{hs}} = \frac{\zeta_3}{1-\zeta_3} + \frac{3\zeta_1\zeta_2}{\zeta_0(1-\zeta_3)^2} + \frac{3\zeta_2^3 - \zeta_3\zeta_2^3}{\zeta_0(1-\zeta_3)^3} \tag{5.2.23}$$

将式（5.2.7）代入式（5.2.22）可得成链作用的贡献 Z^{chain}[180]：

$$Z^{\text{chain}} = \sum_i x_i(1-m_i)\left(g_{ii}^{\text{hs}}\right)^{-1}\eta\frac{\partial g_{ii}^{\text{hs}}}{\partial \rho_{\text{num}}}\frac{\partial \rho_{\text{num}}}{\partial \eta} = \sum_i x_i(1-m_i)\left(g_{ii}^{\text{hs}}\right)^{-1}\rho_{\text{num}}\frac{\partial g_{ii}^{\text{hs}}}{\partial \rho_{\text{num}}} \tag{5.2.24}$$

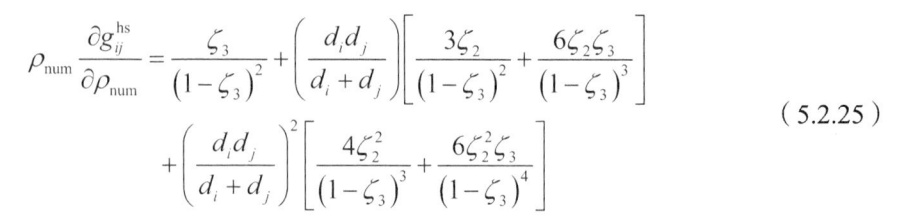

$$\rho_{num}\frac{\partial g_{ij}^{hs}}{\partial \rho_{num}}=\frac{\zeta_3}{(1-\zeta_3)^2}+\left(\frac{d_id_j}{d_i+d_j}\right)\left[\frac{3\zeta_2}{(1-\zeta_3)^2}+\frac{6\zeta_2\zeta_3}{(1-\zeta_3)^3}\right]$$
$$+\left(\frac{d_id_j}{d_i+d_j}\right)^2\left[\frac{4\zeta_2^2}{(1-\zeta_3)^3}+\frac{6\zeta_2^2\zeta_3}{(1-\zeta_3)^4}\right] \quad (5.2.25)$$

将式（5.2.9）代入式（5.2.22）可得色散力的贡献 Z^{disp} [180]：

$$Z^{disp}=-2\pi\rho_{num}\frac{\partial(\eta I_1)}{\partial \eta}\overline{m^2\epsilon\sigma^3}-\pi\rho m\left[C_1\frac{\partial(\eta I_2)}{\partial \eta}+C_2\eta I_2\right]\overline{m^2\epsilon^2\sigma^3} \quad (5.2.26)$$

$$\frac{\partial(\eta I_1)}{\partial \eta}=\sum_{i=0}^{6}a_i(m)(i+1)\eta^i \quad (5.2.27)$$

$$\frac{\partial(\eta I_2)}{\partial \eta}=\sum_{i=0}^{6}b_i(m)(i+1)\eta^i \quad (5.2.28)$$

$$C_2=\frac{\partial C_1}{\partial \eta}=-C_1^2\left\{m\frac{-4\eta^2+20\eta+8}{(1-\eta)^5}+(1-m)\frac{2\eta^3+12\eta^2-48\eta+40}{[(1-\eta)(2-\eta)]^3}\right\} \quad (5.2.29)$$

（3）密度。

在给定的温度和压力条件下，真实流体的密度通过迭代求得。对于液相，对比密度 η 的迭代初值可取 0.5；对于气相，对比密度 η 的迭代初值可取 10^{-10}，需要注意的是，对比密度的上限为 0.7405[180]。求得对比密度后 η，可以根据式（5.2.15）和式（5.2.16）求得相应的摩尔密度 ρ。

（4）逸度系数。

逸度系数由式（5.2.30）给出[183]：

$$\ln\phi_k=(Z-1)-\ln Z+\left(\frac{\partial a^{res}}{\partial n_k}\right)_{\rho,T,n_j\neq n_k} \quad (5.2.30)$$

$$\left(\frac{\partial a^{res}}{\partial n_k}\right)_{\rho,T,n_j\neq n_k}=a^{res}+\left(\frac{\partial a^{res}}{\partial x_k}\right)_{\rho,T,x_j}-\sum_{j=1}^{m}\left[x_j\left(\frac{\partial a^{res}}{\partial x_j}\right)_{\rho,T,x_k}\right] \quad (5.2.31)$$

其中，微分算子 $(\partial/\partial x_k)_{x_j}$ 表示在其余量 x_j 不变的情况下对 x_k 求导。式（5.2.5）的导数可以表示为[180]：

$$\zeta_{n,x_k}=\left(\frac{\partial \zeta_n}{\partial x_k}\right)_{\rho,T,x_j}=\frac{\pi}{6}\rho m_k d_k^n \qquad n\in\{0,1,2,3\} \qquad (5.2.32)$$

基于式（5.2.2）、式（5.2.4）和式（5.2.7）可以求得硬球链参考项的贡献[180]：

$$\left(\frac{\partial a^{\mathrm{hc}}}{\partial x_k}\right)_{\rho,T,x_j}=\left[\frac{\partial(ma^{\mathrm{hs}})}{\partial x_k}\right]_{\rho,T,x_j}+\left(\frac{\partial a^{\mathrm{chain}}}{\partial x_k}\right)_{\rho,T,x_j} \qquad (5.2.33)$$

$$\left[\frac{\partial(ma^{\mathrm{hs}})}{\partial x_k}\right]_{\rho,T,x_j}=m_k a^{\mathrm{hs}}+m\left(\frac{\partial a^{\mathrm{hs}}}{\partial x_k}\right)_{\rho,T,x_j} \qquad (5.2.34)$$

$$\begin{aligned}\left(\frac{\partial a^{\mathrm{hs}}}{\partial x_k}\right)_{\rho,T,x_j}=&-\frac{\zeta_{0,x_k}}{\zeta_0}a^{\mathrm{hs}}+\frac{1}{\zeta_0}\left[\frac{3(\zeta_{1,x_k}\zeta_2+\zeta_1\zeta_{2,x_k})}{1-\zeta_3}+\frac{3\zeta_1\zeta_2\zeta_{3,x_k}}{(1-\zeta_3)^2}\right.\\ &+\frac{3\zeta_2^2\zeta_{2,x_k}}{\zeta_3(1-\zeta_3)^2}+\frac{\zeta_2^3\zeta_{3,x_k}(3\zeta_3-1)}{\zeta_3^2(1-\zeta_3)^3}\\ &\left.+\left(\frac{3\zeta_2^2\zeta_{2,x_k}\zeta_3-2\zeta_2^3\zeta_{3,x_k}}{\zeta_3^3}-\zeta_{0,x_k}\right)\ln(1-\zeta_3)+\left(\zeta_0-\frac{\zeta_2^3}{\zeta_3^2}\right)\frac{\zeta_{3,x_k}}{1-\zeta_3}\right]\end{aligned} \qquad (5.2.35)$$

$$\left(\frac{\partial a^{\mathrm{chain}}}{\partial x_k}\right)_{\rho,T,x_j}=(1-m_k)\ln g_{kk}^{\mathrm{hs}}(\sigma_{kk})+\sum_i x_i(1-m_i)\left(g_{ii}^{\mathrm{hs}}\right)^{-1}\left(\frac{\partial g_{ii}^{\mathrm{hs}}}{\partial x_k}\right)_{\rho,T,x_j} \qquad (5.2.36)$$

$$\begin{aligned}\left(\frac{\partial g_{ij}^{\mathrm{hs}}}{\partial x_k}\right)_{\rho,T,x_j}=&\frac{\zeta_{3,x_k}}{(1-\zeta_3)^2}+\frac{d_i d_j}{d_i+d_j}\left[\frac{3\zeta_{2,x_k}}{(1-\zeta_3)^2}+\frac{6\zeta_2\zeta_{3,x_k}}{(1-\zeta_3)^3}\right]\\ &+\left(\frac{d_i d_j}{d_i+d_j}\right)^2\left[\frac{4\zeta_2\zeta_{2,x_k}}{(1-\zeta_3)^3}+\frac{6\zeta_2^2\zeta_{3,x_k}}{(1-\zeta_3)^4}\right]\end{aligned} \qquad (5.2.37)$$

基于式（5.2.9）可以求得色散项的贡献[180]：

$$\begin{aligned}\left(\frac{\partial a^{\mathrm{disp}}}{\partial x_k}\right)_{\rho,T,x_j}=&-2\pi\rho\left[I_{1,x_k}\overline{m^2\epsilon\sigma^3}+I_1\left(\overline{m^2\epsilon\sigma^3}\right)_{x_k}\right]\\ &-\pi\rho\left\{\left[m_k C_1 I_2+m C_{1,x_k} I_2+m C_1 I_{2,x_k}\right]\overline{m^2\epsilon^2\sigma^3}+m C_1 I_2\left(\overline{m^2\epsilon^2\sigma^3}\right)_{x_k}\right\}\end{aligned} \qquad (5.2.38)$$

$$\left(\overline{m^2\epsilon\sigma^3}\right)_{x_k}=2m_k\sum_i x_i m_i\left(\frac{\epsilon_{ki}}{kT}\right)\sigma_{ki}^3 \qquad (5.2.39)$$

$$\overline{\left(m^2\epsilon^2\sigma^3\right)}_{x_k} = 2m_k \sum_i x_i m_i \left(\frac{\epsilon_{ki}}{kT}\right)^2 \sigma_{ki}^3 \quad (5.2.40)$$

$$C_{1,x_k} = C_2 \zeta_{3,x_k} - C_1^2 \left\{ m_k \frac{8\eta - 2\eta^2}{(1-\eta)^4} - m_k \frac{20\eta - 27\eta^2 + 12\eta^3 - 2\eta^4}{\left[(1-\eta)(2-\eta)\right]^2} \right\} \quad (5.2.41)$$

$$I_{1,x_k} = \sum_{i=0}^{6} \left[a_i(m) i \zeta_{3,x_k} \eta^{i-1} + a_{i,x_k} \eta^i \right] \quad (5.2.42)$$

$$I_{2,x_k} = \sum_{i=0}^{6} \left[b_i(m) i \zeta_{3,x_k} \eta^{i-1} + b_{i,x_k} \eta^i \right] \quad (5.2.43)$$

$$a_{i,x_k} = \frac{m_k}{m^2} a_{1i} + \frac{m_k}{m^2}\left(3 - \frac{4}{m}\right) a_{2i} \quad (5.2.44)$$

$$b_{i,x_k} = \frac{m_k}{m^2} b_{1i} + \frac{m_k}{m^2}\left(3 - \frac{4}{m}\right) b_{2i} \quad (5.2.45)$$

二、混合链扰动统计缔合流体理论

混合链扰动统计缔合流体理论（hPC-SAFT）由 Burgess 等[176-177]提出。高温高压下，相对于 PC-SAFT，hPC-SAFT 具有更高的精度。PC-SAFT 和 hPC-SAFT 的唯一区别在于模型参数。在 hPC-SAFT 中，链节数、链节直径和链节间方阱势能阱深均是压力的函数[176]：

$$m = m_L + (m_H - m_L)\left\{1 - \exp\left[-\left(\frac{p}{10^8}\right)^2\right]\right\} \quad (5.2.46)$$

$$\sigma_0 = \sigma_L + (\sigma_H - \sigma_L)\left\{1 - \exp\left[-\left(\frac{p}{10^8}\right)^2\right]\right\} \quad (5.2.47)$$

$$\sigma = \sigma_0 F = \sigma_0 \left[1 - 0.12\left|(\sigma_H - \sigma_0)(\sigma_L - \sigma_0)\right|\right] \quad (5.2.48)$$

$$\frac{\epsilon}{k} = \left(\frac{\epsilon}{k}\right)_L + \left[\left(\frac{\epsilon}{k}\right)_H - \left(\frac{\epsilon}{k}\right)_L\right]\left\{1 - \exp\left[-\left(\frac{p}{10^8}\right)^2\right]\right\} \quad (5.2.49)$$

其中，下标 L 代表 Gross 和 Sadowski[180]提供的模型参数，适用于低压条件；而下标 H 代表 Burgess 等[176]提供的模型参数，适用于高压条件。

第三节　基于吸附势理论的多组分气体吸附模型建立

吸附势理论最早由 Polanyi[42] 提出，其核心思想为吸附剂周围存在吸附引力场，距离吸附剂表面越近，吸附引力越大。在吸附势理论的基础上，Shapiro 和 Stenby[67] 提出了多组分吸附势理论（MPTA）。MPTA 将吸附相视为非均匀流体，且在吸附空间内连续分布。距离吸附剂表面越远，吸附相流体的热力学性质趋向于体相流体。吸附相流体不仅受到吸附剂对它的吸引作用（吸附剂和吸附质分子的相互作用），还受到周围流体的作用（吸附质分子间的相互作用），如图 5.3.1 所示。吸附剂和吸附质分子的相互作用采用势能函数描述，吸附质分子间的相互作用采用状态方程描述。

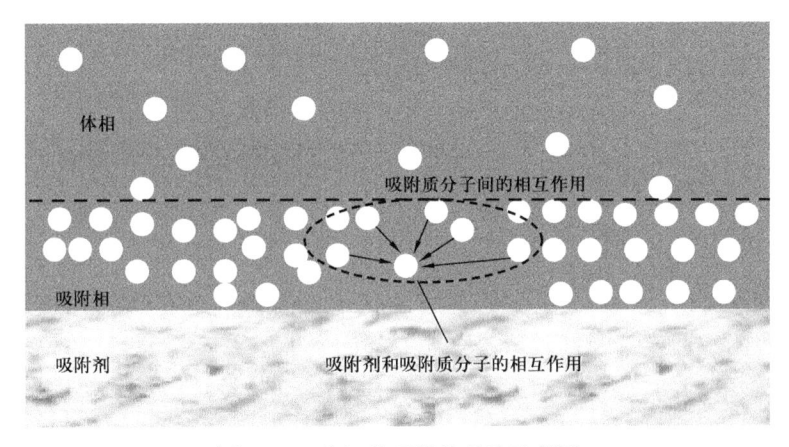

图 5.3.1　多组分吸附势理论示意图

对于单组分气体吸附，在给定的温度和压力条件下，吸附平衡判据为[67]：

$$\mu^a(z) - \varepsilon(z) = \mu^b \tag{5.3.1}$$

式中　$\mu^a(z)$——吸附相化学势，J/mol；

μ^b——体相化学势，J/mol；

$\varepsilon(z)$——吸附势，J/mol，吸附势表征吸附剂和吸附质分子的相互作用。

这里采用 DA 势能函数[44]描述吸附剂和吸附质分子的相互作用：

$$\varepsilon(z) = \varepsilon_0 \left[\ln\left(\frac{z_0}{z}\right) \right]^{\frac{1}{\beta}} \tag{5.3.2}$$

式中　ε_0——吸附特征能，J/mol；

z——孔隙体积，m³/kg；

z_0——极限孔隙体积，即吸附空间的体积，m³/kg；

β——吸附剂非均质性的参数。

对于碳基吸附剂，β 的取值一般为 1~2 之间；β 越小，吸附剂的非均质性越强[41]。当 $\beta=2$ 时，式（5.3.2）退化为 DR 势能函数。

为计算方便，将吸附相化学势和体相化学势采用逸度表示：

$$\mu^a(z)=\mu_0(T)+RT\ln\frac{f^a(z)}{f_0} \tag{5.3.3}$$

$$f^a(z)=\phi^a(z)p^a(z) \tag{5.3.4}$$

$$\mu^b=\mu_0(T)+RT\ln\frac{f^b}{f_0} \tag{5.3.5}$$

$$f^b=\phi^b p^b \tag{5.3.6}$$

式中　T——温度，K；

　　　$\mu_0(T)$——温度 T 时标准状态下的化学势（标准状态下的温度必须和被研究状态相同），J/mol；

　　　f_0——标准状态下的逸度，Pa；

　　　f^b——体相逸度，Pa；

　　　f^a——吸附相逸度，Pa；

　　　ϕ^b——体相逸度系数；

　　　ϕ^a——吸附相逸度系数；

　　　$p^a(z)$——吸附相压力，Pa；

　　　p^b——体相压力，Pa。

结合式（5.3.1）至式（5.3.3）和式（5.3.5）可得：

$$f^a(z)=f^b\exp\left[\frac{\varepsilon(z)}{RT}\right] \tag{5.3.7}$$

采用 hPC-SAFT 描述吸附质分子间的相互作用，建立了微纳孔隙多组分吸附模型 hPC-SAFT-MPTA。此外，还选择了 PR-EOS 来描述吸附质分子间的相互作用，并在后文对 hPC-SAFT-MPTA 和 PR-MPTA 两个模型进行了对比分析。其中 PR-EOS 作为立方型状态方程的代表。相对于 PR-EOS，hPC-SAFT 可以更好地描述页岩气常见组分的 P-ρ-T 性质，如图 5.3.2 所示。

对于 hPC-SAFT，逸度系数可以通过式（5.2.30）计算。对于 PR-EOS，逸度系数可以通过式（5.3.8）计算[82]：

$$\ln\frac{f^b}{p}=\left(\frac{p}{\rho^b RT}-1\right)-\ln\left[\frac{p}{\rho^b RT}-\frac{pb'}{RT}\right]-\frac{a'}{2\sqrt{2}b'RT}\ln\left[\frac{1+\left(1+\sqrt{2}\right)b'\rho^b}{1+\left(1-\sqrt{2}\right)b'\rho^b}\right] \quad (5.3.8)$$

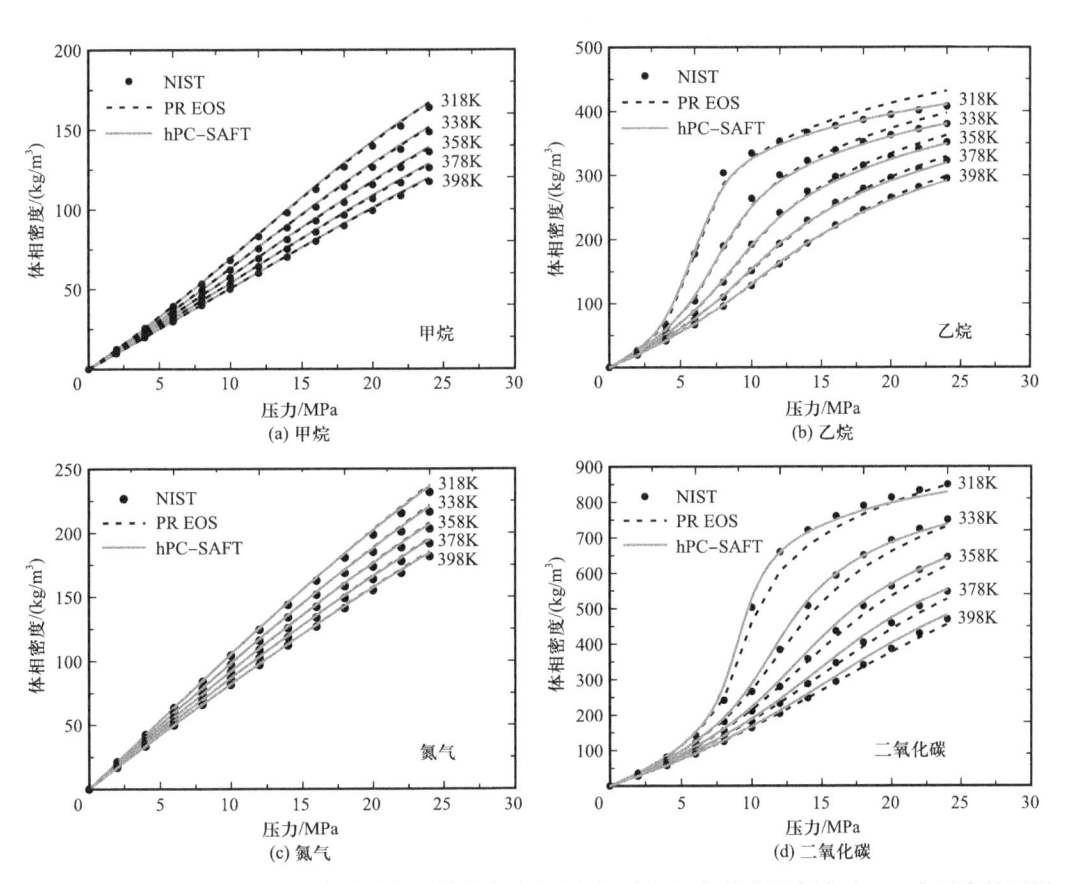

$$T_r=\frac{T}{T_c} \quad (5.3.9)$$

图 5.3.2 体相密度随温度和压力的变化（数据点来自美国国家标准与技术研究院（NIST）开发的国际权威工质计算软件 REFPROP 9.0）

$$a'=0.45724\alpha'\frac{R^2T_c^2}{p_c} \quad (5.3.10)$$

$$b'=0.0778\frac{RT_c}{p_c} \quad (5.3.11)$$

$$\alpha'=\left[1+m\left(1-T_r^{0.5}\right)\right]^2 \quad (5.3.12)$$

$$m=0.37464+1.54226\omega-0.26992\omega^2 \quad (5.3.13)$$

式中　p——压力，Pa；

　　　T_c——临界温度，K；

　　　P_c——临界压力，Pa；

　　　T_r——对比温度；

　　　ω——偏心因子。

过剩吸附量定义为吸附相超出体相的过剩量[67]：

$$n^{ex} = \int_0^{z_0} \left[\rho^a(z) - \rho^b \right] dz \tag{5.3.14}$$

绝对吸附量为：

$$n^{ab} = \int_0^{z_0} \rho^a(z) dz \tag{5.3.15}$$

对于单组分的情形，hPC-SAFT-MPTA 包含 3 个拟合参数（极限孔隙体积 z_0、吸附特征能 ε_0 和表征吸附剂非均质性的参数 β）。基于拟合得到的 DA 模型参数（z_0、ε_0 和 β）和 Lorentz-Berthelot 法则，hPC-SAFT-MPTA 可以预测多组分吸附平衡。

对于多组分气体吸附，吸附剂和吸附质分子的相互作用不仅同吸附剂相关，还与吸附质有关。因此，对于不同的组分，其吸附势不同。对于多组分吸附，在给定的温度和压力条件下，组分 i 的吸附平衡判据为[67]：

$$\mu_i^a(z) - \varepsilon_i(z) = \mu_i^b \tag{5.3.16}$$

式中　$\mu_i^a(z)$——组分 i 的吸附相化学势，J/mol；

　　　μ_i^b——组分 i 的体相化学势，J/mol；

　　　$\varepsilon_i(z)$——组分 i 的吸附势，J/mol。

将式（5.3.16）改写为逸度形式：

$$f_i^a(z) = f_i^b \exp\left[\frac{\varepsilon_i(z)}{RT} \right] \tag{5.3.17}$$

式中　$f_i^a(z)$——组分 i 的吸附相逸度，Pa；

　　　f_i^b——组分 i 的体相逸度，Pa。

采用 DA 势能函数表征吸附剂和吸附质分子的相互作用[68]：

$$\varepsilon_i(z) = \varepsilon_i^0 \left[\ln\left(\frac{z_0}{z} \right) \right]^{\frac{1}{\beta}} \tag{5.3.18}$$

式中 ε_i^0——组分 i 的吸附特征能，J/mol；

z_0——极限孔隙体积，m^3/kg。

为计算方便，将式（5.3.17）改写为[69]：

$$y_i(z) = \frac{x_i \phi_i^b p^b}{\phi_i^a(z) p^a(z)} \exp\left[\frac{\varepsilon_i(z)}{RT}\right] \qquad (5.3.19)$$

对于所有组分，将式相加可得：

$$p^a(z) = \sum_{i=1}^{n} \frac{x_i \phi_i^b p^b}{\phi_i^a(z)} \exp\left[\frac{\varepsilon_i(z)}{RT}\right] \qquad (5.3.20)$$

式中 $y_i(z)$——组分 i 的吸附相摩尔分数；

x_i——组分 i 的体相摩尔分数；

$p^a(z)$——吸附相压力，Pa；

p^b——体相压力，Pa；

$\phi_i^a(z)$——组分 i 的吸附相逸度系数；

ϕ_i^b——组分 i 的体相逸度系数。

在已知体相组成和体相压力的情况下，可以通过迭代的方法求解吸附相组成和吸附相压力。

对于 PR-EOS，混合物中组分 i 的体相逸度系数可以通过式（5.3.21）计算[82]：

$$\begin{aligned}\ln\frac{f_i^b}{x_i p} &= \frac{b_i'}{b_m'}(Z-1) - \ln\left[Z - \frac{p b_m'}{RT}\right] \\ &\quad - \frac{a_m'}{2\sqrt{2} b_m' RT}\left(\frac{2\sum_j y_j a_{ji}'}{a_m'} - \frac{b_i'}{b_m'}\right) \ln\left[\frac{Z + (1+\sqrt{2})\frac{p b_m'}{RT}}{Z + (1-\sqrt{2})\frac{p b_m'}{RT}}\right]\end{aligned} \qquad (5.3.21)$$

对于 hPC-SAFT，混合物中组分 i 的体相逸度系数可以通过式（5.2.30）计算。

组分 i 的过剩吸附量和绝对吸附量分别为[67]：

$$n_i^{ex} = \int_0^{z_0} \left[\rho^a(z) y_i(z) - \rho^b x_i\right] dz \qquad (5.3.22)$$

$$n_i^{ab} = \int_0^{z_0} \rho^a(z) y_i(z) dz \qquad (5.3.23)$$

总的过剩吸附量和绝对吸附量分别为：

$$n^{\text{ex}} = \sum_{i=1}^{N} n_i^{\text{ex}} \quad (5.3.24)$$

$$n^{\text{ab}} = \sum_{i=1}^{N} n_i^{\text{ab}} \quad (5.3.25)$$

具体计算过程如下。将极限孔隙体积（吸附空间）等分为 m 个单元，距离吸附剂最近的单元为 z_1，而距离吸附剂最远的单元为 z_m。首先计算 z_m 中的吸附相组成和吸附相压力，这里采用 Levenberg-Marquardt 算法[184]同时求解式（5.3.19）和式（5.3.20），迭代初值取体相组成和体相压力。然后，将求得的吸附相组成和吸附相压力代入 hPC-SAFT，求得吸附相密度。此外，将求得的吸附相组成和吸附相压力作为新的迭代初值，求解 z_{m-1} 中的吸附相组成和吸附相压力，并计算吸附相密度。从 z_m 向 z_1 计算，得到吸附相密度分布和吸附相组成分布。最后，基于式（5.3.22），采用复化 Simpson 求积公式计算各组分的过剩吸附量。基于 MATLAB 语言，编制了相应的计算程序，计算流程如图 5.3.3 所示。

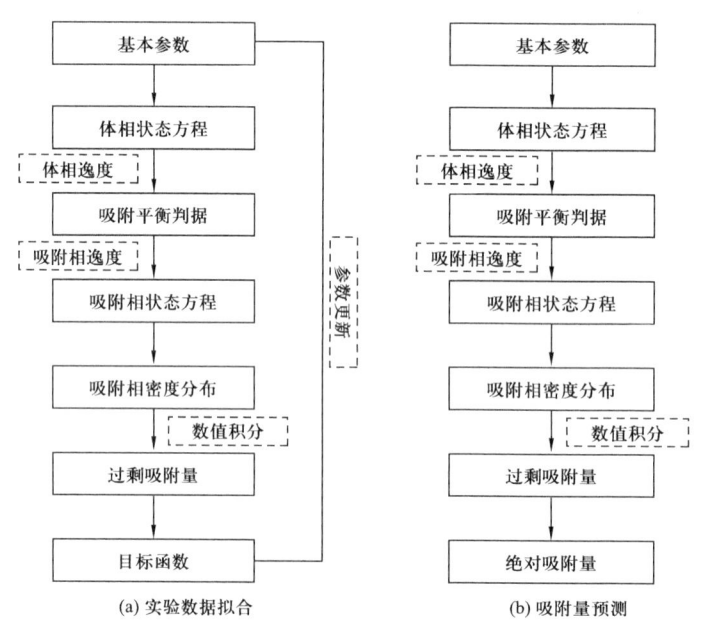

图 5.3.3　hPC-SAFT-MPTA 计算流程图

第四节　模型验证和对比分析

目前，页岩的多组分气体吸附实验数据非常有限。因此，首先采用活性炭的多组分气体吸附实验数据对 hPC-SAFT-MPTA 进行验证。相对于页岩，活性炭的孔隙结构较为简单。但是，作为碳基吸附剂的典型代表，活性炭的吸附实验数据有重要的参考价值。其次，活性炭的吸附实验数据误差较小，常用来测试不同的吸附模型[83]。这里我们比较了 hPC-SAFT-MPTA、PC-SAFT-MPTA 和 PR-MPTA 对实验数据的关联和预测能力。这3个吸附模型的不同之处在于采用了不同的状态方程描述吸附质分子间的相互作用。hPC-SAFT-MPTA 采用了 hPC-SAFT，PC-SAFT-MPTA 采用了 PC-SAFT，PR-MPTA 采用了 PR-EOS。其中，PR-EOS 作为立方型状态方程的代表。为了测试各模型对多组分吸附平衡的预测能力，所有的双组分相互作用参数 k_{ij} 设定为0。

单组分 CH_4、CO_2 和 N_2 在 F-400 活性炭上的吸附实验数据如图 5.4.1 所示。实验数据来自 Sudibandriyo 等[62]。图 5.4.1 也展示了 hPC-SAFT-MPTA、PC-SAFT-MPTA 和 PR-MPTA 的拟合结果，相应的拟合参数见表 5.4.1。hPC-SAFT-MPTA、PC-SAFT-MPTA 和 PR-MPTA 的均方根误差（RMSE）分别为 0.22、0.22 和 0.34mol/kg。从整体上看，这3种模型均可以较好地描述实验数据。但是，hPC-SAFT-MPTA 和 PC-SAFT-MPTA 对实验数据的关联能力要好于 PR-MPTA，尤其是对于 CO_2。CO_2 的过剩吸附量随平衡压力的增大先增加后减小。在平衡压力约为 5MPa 时，CO_2 的过剩吸附量达到最大值，约为 7mol/kg。当平衡压力高于 8MPa 后，CO_2 的过剩吸附量出现了陡降。具体的，当平衡压力约为 8MPa 时，CO_2 的过剩吸附量约为 6.5mol/kg；当平衡压力约为 10MPa 时，CO_2 的过剩吸附量约为 4mol/kg，下降了约 38.46%。这是因为，实验条件（T=318.2K 和 p=8MPa）接近 CO_2 的临界点。在临界点附近，压力的微小变化会引起 CO_2 体相密度的剧烈变化。从图 4.2.3（d）中可以看出，在临界点附近，CO_2 体相密度随压力增加而迅速增大，CO_2 体相密度的迅速增大导致了其过剩吸附量的迅速减小。

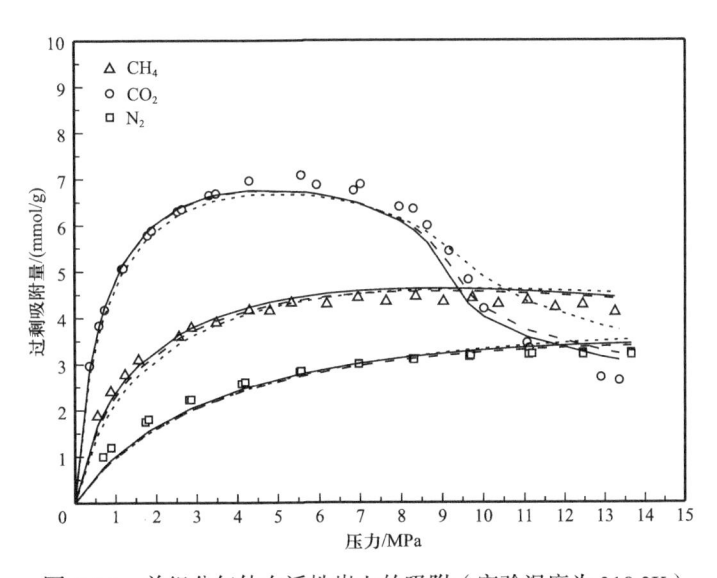

图 5.4.1 单组分气体在活性炭上的吸附（实验温度为 318.2K）

表 5.4.1 模型拟合参数

模型	吸附质	z_0/(cm³/g)	ε^0/(J/mol)	β
hPC-SAFT-MPTA	CH₄	3.01×10^{-1}	7637.78	2①
	N₂		5774.18	
	CO₂		7796.06	
PC-SAFT-MPTA	CH₄	3.01×10^{-1}	7522.54	
	N₂		5715.58	
	CO₂		7819.40	
PR-MPTA	CH₄	2.78×10^{-1}	7321.31	
	N₂		5894.53	
	CO₂		7807.73	

注：① 对于活性炭，β 通常取 2[41]。

实验温度（T=318.2K）远高于 CH₄ 和 N₂ 的临界温度。因此，在实验压力范围内，CH₄ 和 N₂ 的过剩吸附量没有出现陡降。高压条件下，PR-MPTA 高估了 CO₂ 的过剩吸附量。这是因为，在临界点附近，立方型状态方程无法很好地描述流体的 p-V-T 性质，这是立方型状态方程的固有缺陷[185]。此外，在低压条件下（p<2.5MPa），PR-MPTA 低估了 CH₄ 的过剩吸附量。在高压条件下（p>12MPa），PR-MPTA 高估了 N₂ 的过剩吸附量。

图 5.4.2 至图 5.4.4 展示了 hPC-SAFT-MPTA、PC-SAFT-MPTA 和 PR-MPTA 对多组分吸附平衡的预测结果。hPC-SAFT-MPTA、PC-SAFT-MPTA 和 PR-MPTA 预测值和实验值之间的平均相对误差（ARE）见表 5.4.2。整体上看，hPC-SAFT-MPTA 和 PC-SAFT-MPTA 的预测结果要好于 PR-MPTA。对于单组分吸附平衡，PR-MPTA 不能够很好地拟合实验数据。因此，对于多组分吸附平衡，PR-MPTA 的预测结果较差。此外，在这 3 个吸附模型中，hPC-SAFT-MPTA 的预测结果最好。因此，对于 MPTA，有必要选择高精度的状态方程。

表 5.4.2 模型预测值与实验值的平均相对误差

	hPC-SAFT-MPTA	PC-SAFT-MPTA	PR-MPTA	扩展的 Langmuir 方程
平均相对误差 /%	10.34	11.87	13.76	19.61

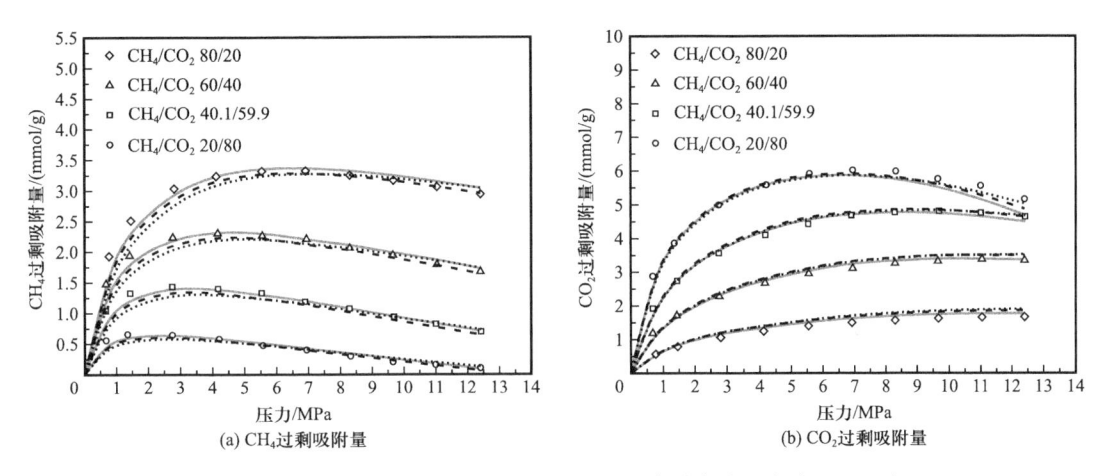

图 5.4.2　CH_4/CO_2 混合物在活性炭上的吸附（实验温度为 318.2K）

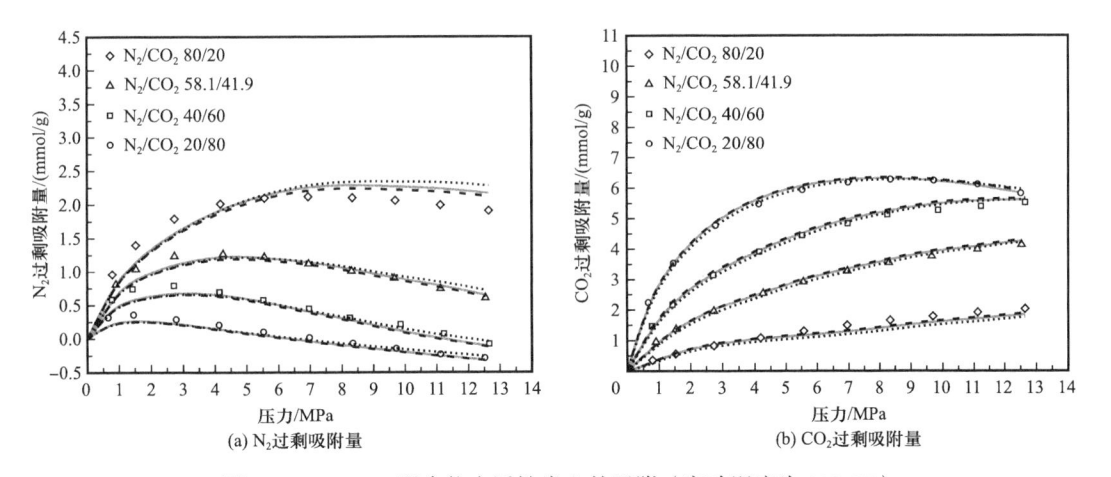

图 5.4.3　N_2/CO_2 混合物在活性炭上的吸附（实验温度为 318.2K）

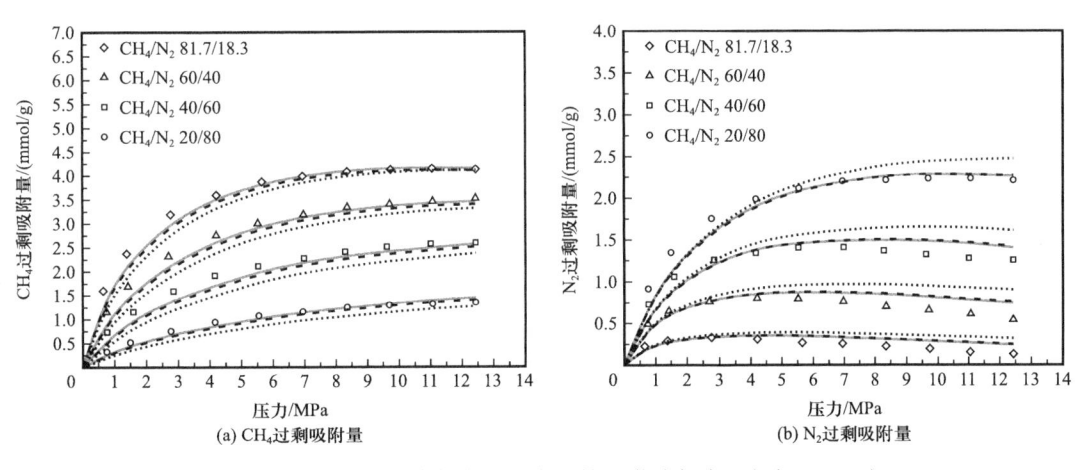

图 5.4.4　CH_4/N_2 混合物在活性炭上的吸附（实验温度为 318.2K）

对于含 CO_2 的混合物（CH_4/CO_2 混合物和 N_2/CO_2 混合物），CH_4 和 N_2 的过剩吸附量随平衡压力的增加先增大后减小，如图 5.4.2（a）和图 5.4.3（a）所示。此外，对于 N_2/CO_2 混合物，当原料气中 CO_2 的含量为 60% 和 80% 时，高压条件下 N_2 的过剩吸附量会变为负值。需要注意的是，原料气组成和平衡条件下的体相组成是不同的。这是因为，吸附剂对不同的组分有不同的吸附能力。因此，平衡条件下的体相组成一般不同于原料气组成。吸附平衡后，强吸附质的体相摩尔分数会降低，而弱吸附质的体相摩尔分数会升高。

对于单组分吸附，负的过剩吸附量意味着体相密度要高于吸附相密度，这显然不符合物理实际。但是，在一些吸附实验中，确实得到了负的过剩吸附量[186-188]。其可能的原因如下。首先，过剩吸附量是通过计算得到的，而非直接测量值。对于单组分吸附实验，过剩吸附量的计算公式为[26]：

$$n^{ex} = n_{in} - \rho^b V_{void} \quad (5.4.1)$$

式中 n_{in}——充入的气体，mol；

V_{void}——死体积，m^3。

死体积的标定误差对过剩吸附量的计算有重要影响。一般采用惰性气体 He 标定死体积。He 的动力学直径仅为 0.26nm，因此 He 可以进入非常小的孔隙。由于位阻效应，动力学直径较大的分子（如 CH_4，其动力学直径为 0.38nm）不能进入这些非常小的孔隙。因此，对于 CH_4 吸附，He 标定的死体积偏大。当吸附剂的吸附能力比较弱时，高压条件下很有可能得到负的过剩吸附量[186]。基于式（5.4.1）可知，ρ^b 的计算误差也会影响过剩吸附量的计算。此外，在吸附实验中，某些吸附剂会发生体积变形，如煤岩。而式（5.4.1）仅适用于死体积不变的情况。因此，吸附剂本体变形也会影响过剩吸附量的计算，也可能得到负的结果[188]。对于多组分吸附，除了上述原因外，竞争吸附同样会影响过剩吸附量。对于多组分吸附，吸附相中强吸附质含量高而弱吸附质含量低，而体相中强吸附质含量低而弱吸附质含量高[62]。根据式（5.3.22）可知，在高压条件下（意味着体相密度较大），当弱吸附质的吸附相摩尔分数较小而体相摩尔分数较大时，弱吸附质的过剩吸附量可能为负值。最后，实验误差也不容忽视。一般采用容积法或是重量法进行吸附实验。传统的容积法由于多次注气会导致实验误差的传播和累积[189]。因此在高压条件下，容积法测量结果的误差较大[190]，可能得到负的过剩吸附量。综上所述，当过剩吸附量为负值时，需要谨慎处理。

扩展的 Langmuir 方程是最常用的多组分吸附模型。这里我们将 hPC-SAFT-MPTA 和扩展的 Langmuir 方程进行了对比。扩展的 Langmuir 方程是基于绝对吸附量建立的，它无法直接拟合实验数据。因此，需要将实验测得的过剩吸附量转化为绝对吸附量。由 Gibbs 过剩吸附关系可知，将过剩吸附量转化为绝对吸附量需要用到吸附相密度。目前，吸附相密度无法直接测量，只能通过估算得到。Sudibandriyo 等[62]假定单组分的吸附相密度为常数，并采用 OK 模型估算吸附相密度。对于 CH_4，吸附相密度取 $354kg/m^3$；对于 N_2，吸附相密度取 $701kg/m^3$；对于 CO_2，吸附相密度取 $996kg/m^3$。此外，他们还基于理想混合物模型，采用单组分的吸附相密度估算混合物的吸附相密度。转化后的实验数据如图 5.4.5 所示。采用 Langmuir 方程拟合单组分吸附实验数据，拟合结果如图 5.4.5 所示。图 5.4.5 显示 Langmuir 方程可以很好地关联实验数据，RMSE 为 0.12mol/kg，相应的拟合参数见表 5.4.3。

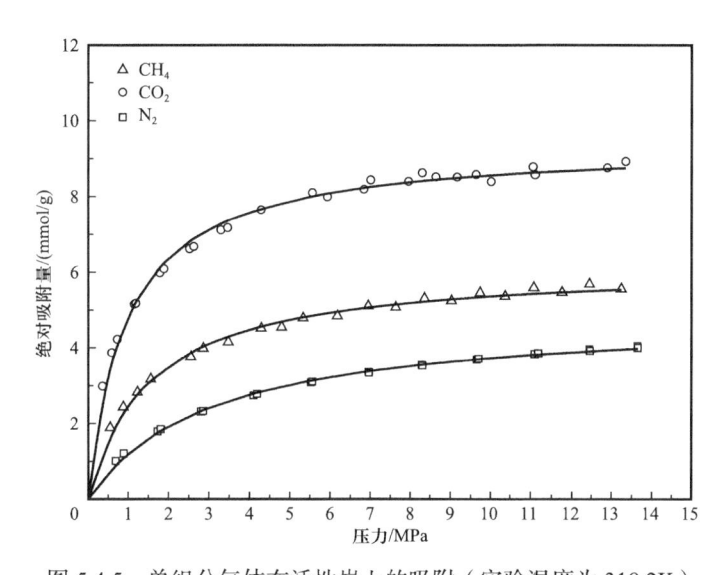

图 5.4.5　单组分气体在活性炭上的吸附（实验温度为 318.2K）

表 5.4.3　**Langmuir 方程拟合参数**

吸附剂	吸附质	n_L/（mol/kg）	b/（1/Pa）
F-400 活性炭	CH_4	6.16	6.7×10^{-7}
	N_2	4.86	3.3×10^{-7}
	CO_2	9.36	1.06×10^{-6}

对于多组分吸附平衡，扩展的 Langmuir 方程的预测结果如图 5.4.6 至图 5.4.8 所示。从图中可以看出，扩展的 Langmuir 方程不能很好地预测多组分吸附平衡。扩展的 Langmuir 方程预测值和实验值之间的 ARE 高达 19.61%（表 5.4.2）。因此，hPC-SAFT-MPTA 优于扩展的 Langmuir 方程。此外，hPC-SAFT-MPTA 可以直接计算过剩吸附量，而无需事先确定吸附相密度。扩展的 Langmuir 方程只是一个经验模型，而 hPC-SAFT-MPTA 从分子势能的角度描述了吸附剂—吸附质分子的相互作用以及吸附质分子间的相互作用。虽然 hPC-SAFT-MPTA 的计算量大于扩展的 Langmuir 方程，但是 hPC-

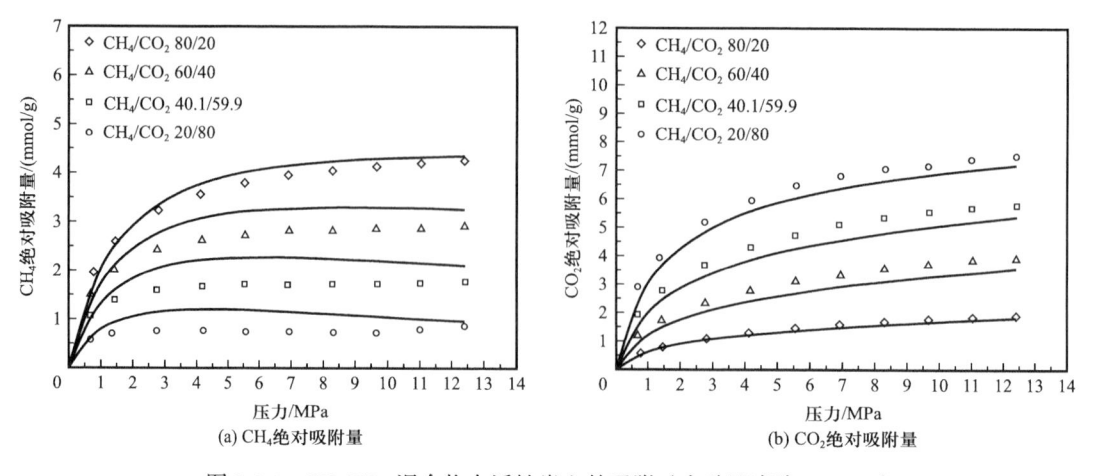

图 5.4.6　CH_4/CO_2 混合物在活性炭上的吸附（实验温度为 318.2K）

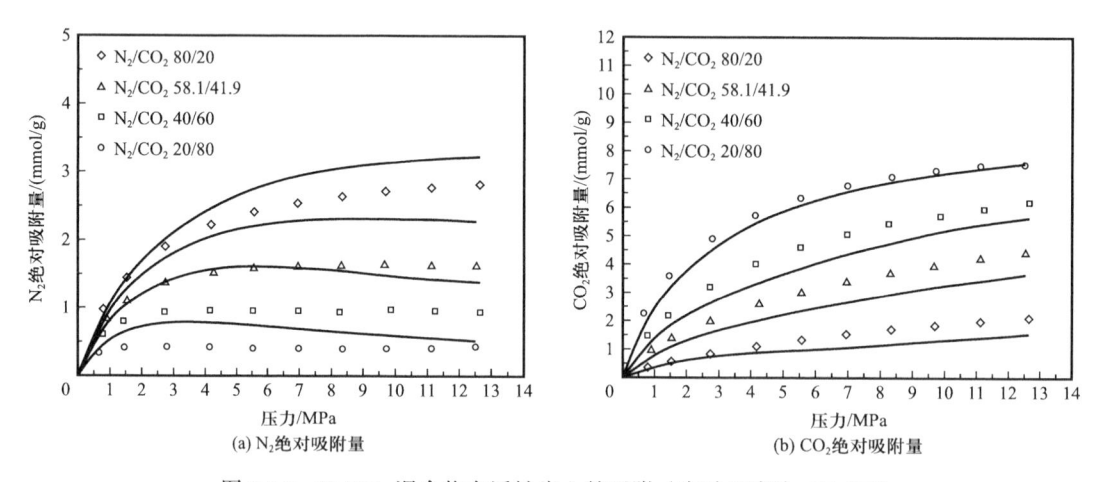

图 5.4.7　N_2/CO_2 混合物在活性炭上的吸附（实验温度为 318.2K）

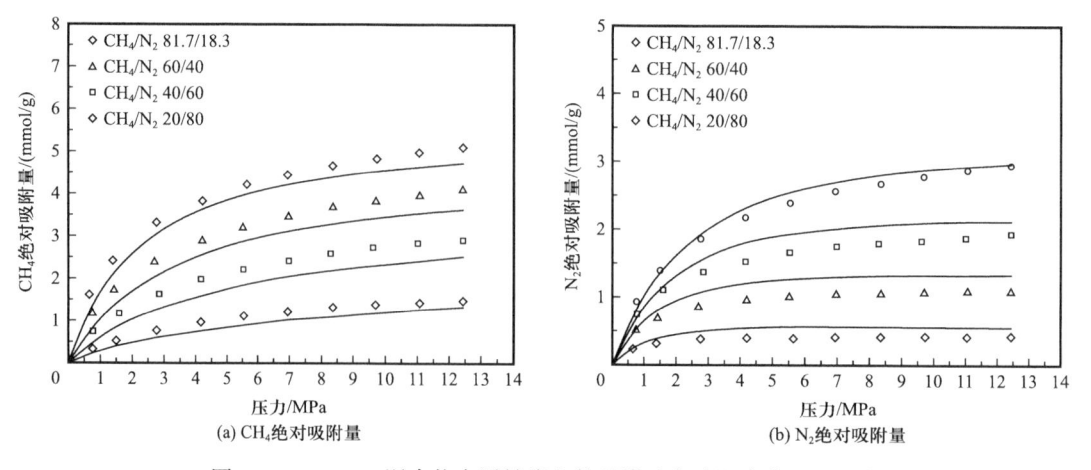

图 5.4.8　CH_4/N_2 混合物在活性炭上的吸附（实验温度为 318.2K）

SAFT-MPTA 的计算量是可以接受的。相对于更复杂的方法，如巨正则系综蒙特卡洛模拟（GCMC），hPC-SAFT-MPTA 的计算量可以忽略。因此，hPC-SAFT-MPTA 不仅具有坚实的物理基础，而且具有较高的计算效率，可用于油藏尺度下的数值模拟。

接下来，我们采用页岩的吸附实验数据对 hPC-SAFT-MPTA 进行验证。Heller 和 Zoback[191]测定了 CH_4 和 CO_2 在页岩上的吸附等温线，实验结果如图 5.4.9 所示。图 5.4.9 还展示了 hPC-SAFT-MPTA 的拟合结果，相应的拟合参数见表 5.4.4。总体上看，hPC-SAFT-MPTA 可以很好地描述实验结果，RMSE 在 $4.93×10^{-4}$~$1.86×10^{-2}$mol/kg 之间。四块页岩样品中，Eagle Ford 页岩样品的吸附量最低。从表 5.4.4 可以看出，Eagle Ford 页岩样品的极限孔隙体积要小于其他样品，这在一定程度上解释了吸附量低的原因。此外，对于 CH_4—页岩吸附系统，四块样品的吸附特征能差异非常大。吸附特征能表征吸附剂与吸附质分子相互作用的强度。吸附特征能的差异可能反映了页岩样品干酪根类型和成熟度的差异。Montney 页岩样品的吸附特征能为 2303.99J/mol，而 Barnett 页岩样品的吸附特征能高达 4436.43J/mol，约为前者的两倍。

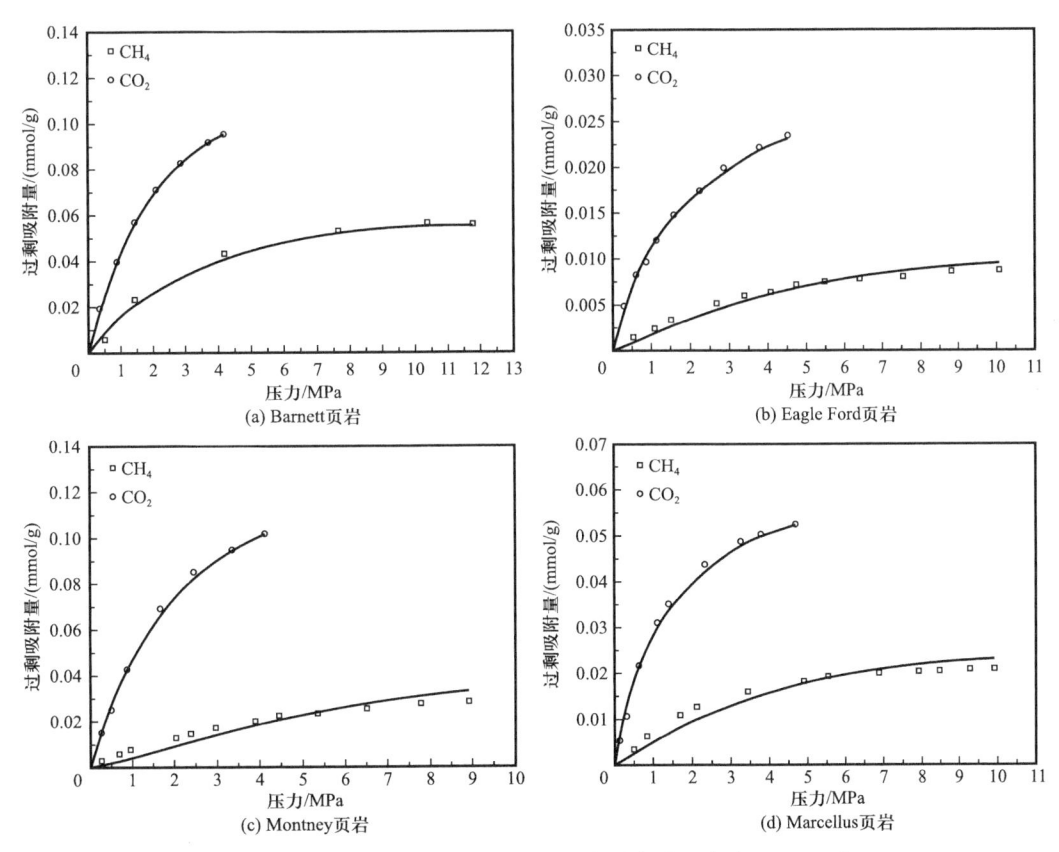

图 5.4.9 单组分气体在页岩上的吸附（实验温度为 313.15K）

同 F-400 活性炭相比，页岩样品的吸附量相当小。当温度为 318.2K，压力为 3MPa 时，F-400 活性炭对 CO_2 的吸附量约为 6.54mol/kg。在相似的条件下（温度为 313.15K，压力为 3MPa），页岩样品对 CO_2 的吸附量为 $1.97\times10^{-2}\sim9.09\times10^{-2}$ mol/kg，远低于 F-400 活性炭的吸附量。表 5.4.1 和表 5.4.4 显示，F-400 活性炭的极限孔隙体积为 3.01×10^{-1} cm^3/g，远大于页岩样品的极限孔隙体积（$1.49\times10^{-3}\sim5.39\times10^{-3}$ cm^3/g）。

表 5.4.1 和表 5.4.4 还显示，对于 CH_4—页岩吸附系统，吸附特征能的范围在 2303.99~4436.43J/mol 之间，低于 CH_4—活性炭吸附系统的吸附特征能（7637.78J/mol）。对于 CO_2—页岩吸附系统，吸附特征能的范围在 4556.85~5564.98J/mol 之间，高于 CH_4—页岩吸附系统的吸附特征能（2303.99~4436.43J/mol），但是低于 CO_2—活性炭吸附系统的吸附特征能（7796.06J/mol）。这是因为，活性炭的吸附能力要强于页岩。因此对于同种吸附质，活性炭与吸附质分子的相互作用要强于页岩与吸附质分子的相互作用。此外，相对于 CH_4，CO_2 为强吸附质。因此对于同种吸附剂，CO_2 与吸附剂的相互作用要强于 CH_4 与吸附剂的相互作用。

表 5.4.4 hPC-SAFT-MPTA 拟合参数

吸附剂	吸附质	z_0/(cm^3/g)	ε^0/(J/mol)	β
Barnett 页岩	CH_4	5.39×10^{-3}	4436.43	1.38
	CO_2		4556.85	
Eagle Ford 页岩	CH_4	1.49×10^{-3}	2910.63	1.01
	CO_2		4676.85	
Montney 页岩	CH_4	5.77×10^{-3}	2303.99	1.36
	CO_2		4569.87	
Marcellus 页岩	CH_4	2.80×10^{-3}	3538.03	1.27
	CO_2		5564.98	

最后，我们采用 Duan 等[192] 和 Wang 等[193] 的实验数据对 hPC-SAFT-MPTA 进行验证。Duan 等[192] 采用流动法进行多组分气体等温吸附实验。实验过程中，体相组成保持不变。因此，平衡条件下的体相组成与原料气的体相组成一致。Wang 等[193] 采用重量法进行多组分气体等温吸附实验。他们发现平衡条件下的体相组成近似等于原料气组成。Duan 等[192] 和 Wang 等[193] 仅提供了混合物的吸附质量，为方便比较，我们需要将物质的量转化为质量：

$$m_{tot}^{ex} = \sum_{i=1}^{n} n_i^{ex} M_i \quad (5.4.2)$$

图 5.4.10 展示了 Duan 等[192]的实验结果。图 5.4.10 也展示了 hPC-SAFT-MPTA 的拟合结果，相应的拟合参数见表 5.4.5。hPC-SAFT-MPTA 能较好地描述单组分气体（CH_4 和 CO_2）在页岩上的吸附行为，RMSE 为 3.11×10^{-3} mol/kg。从图 5.4.10 中还可以看出，CO_2 的吸附量大于 CH_4 的吸附量。在温度为 318K，压力为 1MPa 时，CO_2 的过剩吸附量约为 0.14mol/kg，而 CH_4 的过剩吸附量仅为 0.07mol/kg 左右。

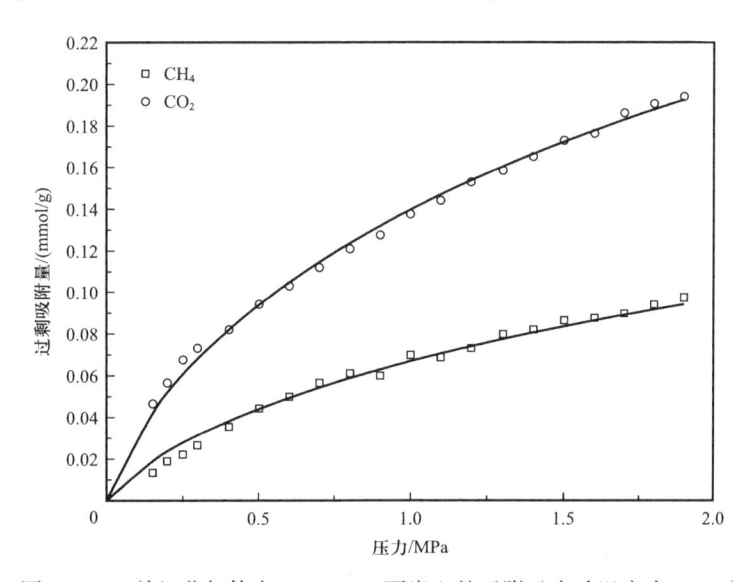

图 5.4.10 单组分气体在 Nanchuan 页岩上的吸附（实验温度为 318K）

表 5.4.5 hPC-SAFT-MPTA 拟合参数

吸附剂	吸附质	z_0/(cm³/g)	ε^0/(J/mol)	β
Nanchuan 页岩	CH_4	1.47×10^{-2}	5008.44	1.18
	CO_2		5166.76	

随后，将拟合得到的模型参数用于多组分气体吸附平衡预测。hPC-SAFT-MPTA 的预测结果如图 5.4.11 所示。从图 5.4.11 中可以看出，实验值和预测值的趋势一致，两者的 ARE 为 17.12%，见表 5.4.6。考虑到页岩具有复杂的孔隙结构和矿物组成，这个预测误差不大。此外，在低压条件下（$p<0.06$ MPa），吸附量较小，预测值与实验值的相对误差较大。虽然相对误差较大，但是由于吸附量很小，预测值和实验值的绝对误差很小。从整体上看，hPC-SAFT-MPTA 的预测结果偏低，尤其是对组成为 30%CO_2-70%CH_4 的混合物。这种误差可能源于 Lorentz-Berthelot 法则。在前面的计算中，我们没有考虑双组分相互作用参数 k_{ij}。随后，我们将 k_{ij} 引入 hPC-SAFT-MPTA，并将其作为一个拟合参数[194]。引入 k_{ij} 后，DA 模型参数 z_0、ε_i^0 和 β 仍然通过拟合单组分吸附实验数据得到，而 k_{ij} 通过拟

合多组分吸附实验数据得到。hPC-SAFT-MPTA 的拟合结果如图 5.4.11 所示。引入 k_{ij} 后，hPC-SAFT-MPTA 可以很好地描述实验数据。模型计算值与实验值的 ARE 为 8.89%。

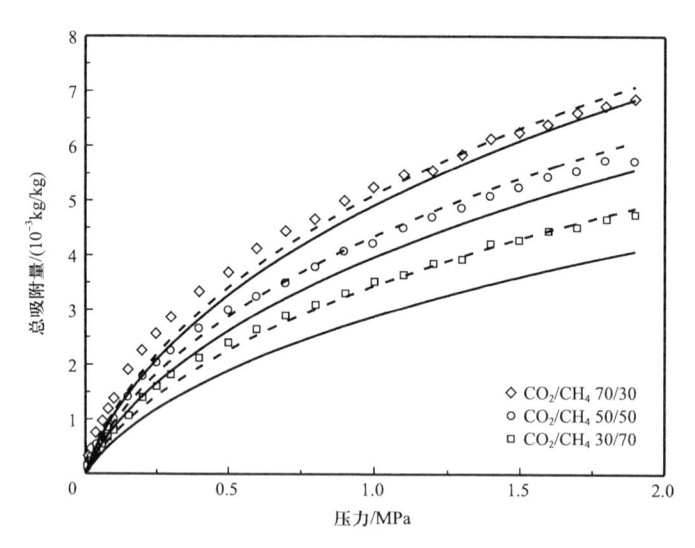

图 5.4.11 CO_2/CH_4 混合物在 Nanchuan 页岩上的吸附（实验温度为 318K）

表 5.4.6 hPC-SAFT-MPTA 的平均相对误差

吸附剂	吸附质（混合物）	平均相对误差	
		$k_{ij}=-0.22$	$k_{ij}=0$
Nanchuan 页岩	CH_4/CO_2	8.89%	17.12%

图 5.4.12 展示了 Wang 等[193]的实验数据。图 5.4.12 也展示了 hPC-SAFT-MPTA 的拟合结果，相应的拟合参数见表 5.4.7。Wang 等[193]也基于 MPTA 发展了一个多组分吸附模型。该模型采用 DA 势能函数描述吸附剂与吸附质分子的相互作用，并采用 PR-EOS 描述吸附剂分子间的相互作用。此外，该模型将极限孔隙体积分为了两个部分，即微孔和宏孔（介孔＋大孔）。微孔体积和宏孔体积通过低温液氮吸附实验确定。本文将这个模型称为 PR-MPTA2。对特定的吸附剂—吸附质体系，PR-MPTA2 涉及 4 个拟合参数，两个参数表征吸附剂和吸附质分子的相互作用，另外两个参数表征吸附剂的非均质性。对特定的吸附剂—吸附质体系，hPC-SAFT-MPTA 仅涉及 3 个拟合参数，一个参数表征吸附剂和吸附质分子的相互作用，另外两个参数与吸附剂有关（极限孔隙体积和非均质参数）。

从图 5.4.12 中可以看出，hPC-SAFT-MPTA 和 PR-MPTA2 均可以很好地描述单组分气体（CH_4 和 C_2H_6）在页岩上的吸附平衡。PR-MPTA2 的 RMSE 为 4.40×10^{-3}mol/kg，而 hPC-SAFT-MPTA 的 RMSE 为 5.52×10^{-3}mol/kg，PR-MPTA2 略优于 hPC-SAFT-MPTA。这可能是因为 PR-MPTA2 用了 6 个拟合参数，而 hPC-SAFT-MPTA 仅用了 4 个拟合参数。

第五章 基于吸附势理论的页岩多组分气体吸附模型

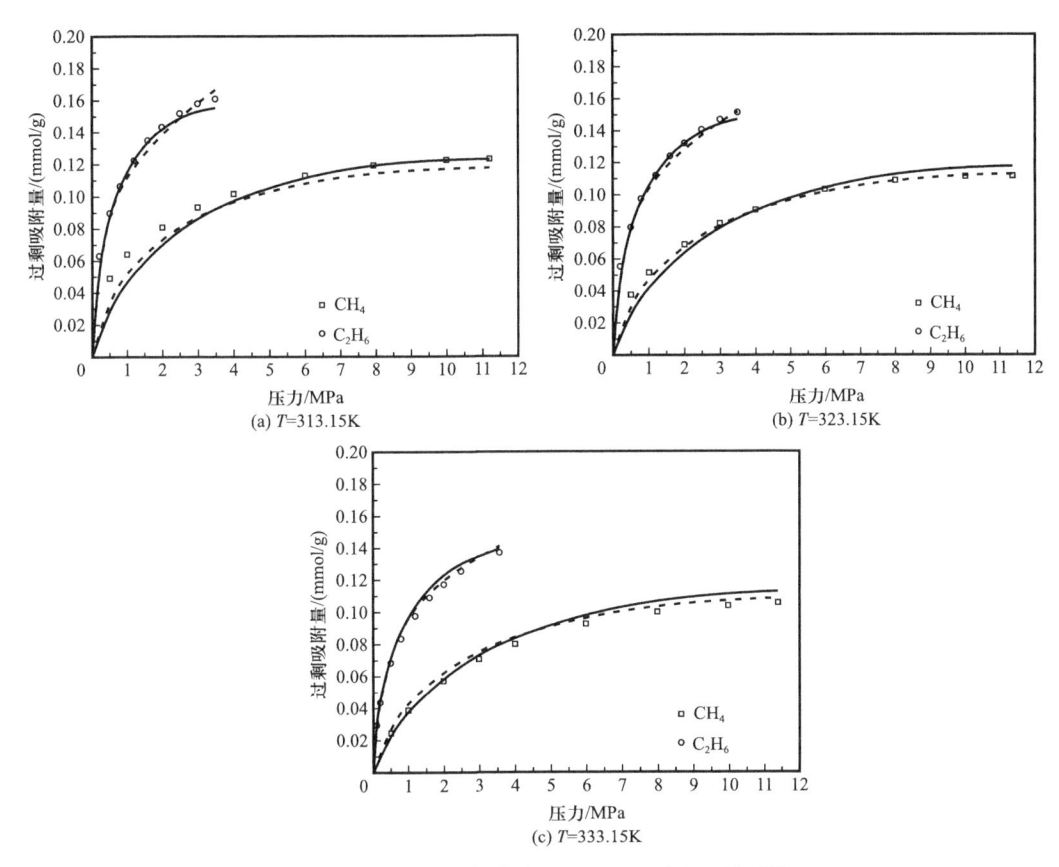

图 5.4.12 单组分气体在 Marcellus 页岩上的吸附

表 5.4.7 hPC-SAFT-MPTA 拟合参数

吸附剂	吸附质	z_0/(cm³/g)	ε_0/(J/mol)	β
Marcellus 页岩	CH$_4$	1.15×10^{-2}	4671.53	1.20
	C$_2$H$_6$		6774.57	

图 5.4.13 至图 5.4.15 展示了 hPC-SAFT-MPTA 对多组分吸附平衡的预测结果（$k_{ij}=0$）。从图中可以看出，实验值和预测值的趋势一致。预测值与实验值的 ARE 为 14.97%，见表 5.4.8。从总体来看，hPC-SAFT-MPTA 的预测结果偏高，尤其是在高压条件下。Wang 等[193]没有提供高压条件下（$p>4$MPa）的 C$_2$H$_6$ 吸附数据（单组分），如图 5.4.12 所示。因此，hPC-SAFT-MPTA 的参数只能通过拟合低压条件下的实验数据得到。这些参数可能无法很好地描述高压条件下 C$_2$H$_6$ 的吸附行为。图 5.4.13 至图 5.4.15 也展示了 PR-MPTA2 的预测结果。PR-MPTA2 也高估了吸附量。PR-MPTA2 的预测结果与实验值的 ARE 为 12.29%（表 5.4.8），略优于 hPC-SAFT-MPTA（$k_{ij}=0$）。这可能是因为，PR-MPTA2 更好地拟合了单组分吸附数据。但是，相对于 hPC-SAFT-MPTA，PR-MPTA2

用到了更多的拟合参数。引入双组分作用参数 k_{ij} 后，hPC-SAFT-MPTA 对多组分吸附实验数据（T=313.15K）的拟合结果如图 5.4.13 所示。基于拟合得到的双组分作用参数 k_{ij} 和 DA 模型参数，应用 hPC-SAFT-MPTA 预测了不同温度下的多组分吸附平衡，如图 5.4.14 和图 5.4.15 所示。从图中可以看出，hPC-SAFT-MPTA 很好地描述了多组分气体在页岩上的吸附平衡，总的 ARE 为 3.19%（表 5.4.8）。

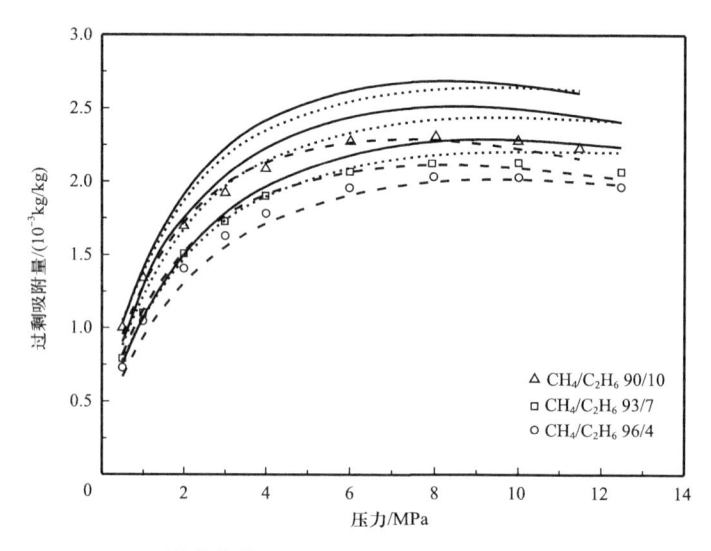

图 5.4.13 CH_4/C_2H_6 混合物在 Marcellus 页岩上的吸附（实验温度为 313.15K）

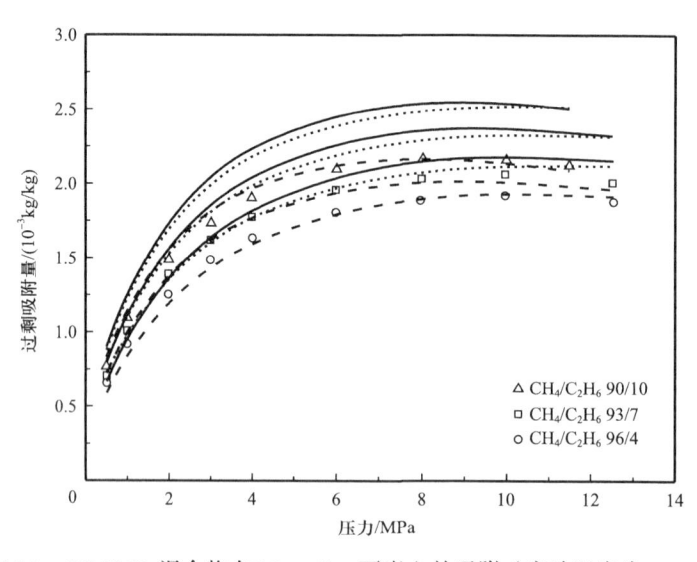

图 5.4.14 CH_4/C_2H_6 混合物在 Marcellus 页岩上的吸附（实验温度为 323.15K）

值得注意的是，实验温度（313.15～333.15K）高于 CH_4 和 C_2H_6 的临界温度。因此，在实验条件下，不可能发生毛细凝聚现象，这意味着只有部分孔隙被吸附质分子占据。因此，极限孔隙体积（吸附空间体积）应作为一个拟合参数。但是，在 PR-MPTA2 中，极限孔隙体积是事先给定的。Wang 等[193]采用低温液氮吸附实验（亚临界状态）确定极限孔隙体积，因此高估了极限孔隙体积。此外，他们拟合得到的非均质参数 β 为 0.314，该值可能不具有物理意义。因为，对于碳基吸附剂，β 的取值范围在 1~2 之间[41]。

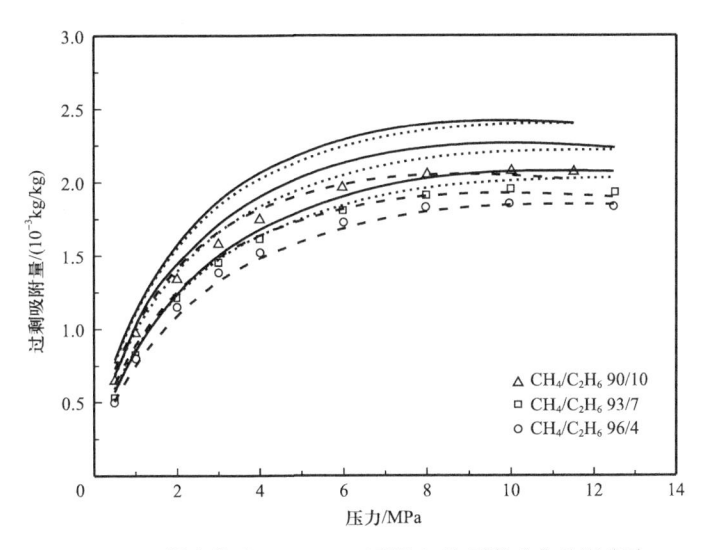

图 5.4.15　CH_4/C_2H_6 混合物在 Marcellus 页岩上的吸附（实验温度为 333.15K）

表 5.4.8　模型计算值与实验值的平均相对误差

吸附剂	吸附质（混合物）	T/K	平均相对误差		
			hPC-SAFT-MPTA		PR-MPTA2
			k_{ij}=0.17	k_{ij}=0	k_{ij}=0
Marcellus 页岩	CH_4/C_2H_6	313.15	2.77%	13.70%	11.04%
		323.15	2.86%	14.67%	11.92%
		333.15	3.94%	16.54%	13.92%
总的平均相对误差			3.19%	14.97%	12.29%

当实验温度为 313.15K 时，所有的过剩吸附曲线都存在最大值，如图 5.4.13 所示。但是，在高压条件下，对于 C_2H_6 含量较低的混合物，其过剩吸附曲线并没有出现明显下降。这是因为，实验温度（313.15K）与 C_2H_6 的临界温度接近。在临界点附近，压力的微小变化会引起 C_2H_6 体相密度的剧烈变化，如图 5.3.2（b）所示。临界点附近，C_2H_6 体相密度随压力的增加而迅速增加。因此，在高压条件下，对于 C_2H_6 含量较高的混合物，其过剩吸附曲线会出现明显下降。甲烷的临界温度为 190.56K，远低于实验温度（313.15K）。因此，相对于 C_2H_6，CH_4 体相密度对压力的变化不敏感。对于 C_2H_6 含量较低的混合物，其体相密度主要受 CH_4 体相密度影响。因此，在高压条件下，对于 C_2H_6 含量较低的混合

物，其过剩吸附曲线不会出现明显下降。

所有的拟合参数见表5.4.9。对于页岩样品，极限孔隙体积在1.49×10^{-3}~1.47×10^{-2} cm^3/g 之间。Yang 等[20]和 Rexer 等[24]报道的孔隙体积范围在8.3×10^{-3}~4.2×10^{-2} cm^3/g 之间。他们采用低温吸附实验（吸附质为 N$_2$ 或是 CO$_2$）确定孔隙体积。低温吸附实验是在亚临界条件下进行的，因此测得的孔隙体积表征总的吸附空间。在超临界条件下，不可能发生毛细凝聚现象。因此，超临界条件下的吸附空间小于总的吸附空间。

表5.4.9 hPC-SAFT-MPTA 拟合参数

数据来源	吸附剂	吸附质	z_0/(cm^3/g)	ε_0/(J/mol)	β
Heller 和 Zoback[191]	Barnett 页岩	CH$_4$	5.39×10^{-3}	4436.43	1.38
		CO$_2$		4556.85	
	Eagle Ford 页岩	CH$_4$	1.49×10^{-3}	2910.63	1.01
		CO$_2$		4676.85	
	Montney 页岩	CH$_4$	5.77×10^{-3}	2303.99	1.36
		CO$_2$		4569.87	
	Marcellus 页岩	CH$_4$	2.80×10^{-3}	3538.03	1.27
		CO$_2$		5564.98	
Duan 等[192]	Nanchuan 页岩	CH$_4$	1.47×10^{-2}	5008.44	1.18
		CO$_2$		5166.76	
Wang 等[193]	Marcellus 页岩	CH$_4$	1.15×10^{-2}	4671.53	1.20
		C$_2$H$_6$		6774.57	

Wang 等[193]采用低温液氮吸附法测量了 Marcellus 页岩样品的孔隙体积。实验结果显示，孔隙体积为3.46×10^{-2} cm^3/g，其中微孔体积为8.1×10^{-3} cm^3/g，介孔体积为2.55×10^{-2} cm^3/g。对于 Marcellus 页岩样品，hPC-SAFT-MPTA 拟合得到的极限孔隙体积为1.15×10^{-2} cm^3/g（表5.4.9），该值大于实验测得的微孔体积（8.1×10^{-3} cm^3/g），小于实验测得的介孔体积（2.55×10^{-2} cm^3/g）。因此只有部分介孔被吸附质分子占据。这一结论同 Do[195]的观点一致。Duan 等[192]采用低温液氮吸附法测量了 Nanchuan 页岩样品的孔隙体积。实验结果显示，孔隙体积为3.49×10^{-2} cm^3/g，其中微孔体积为9×10^{-4} cm^3/g，介孔体积为3.02×10^{-2} cm^3/g。对于 Nanchuan 页岩样品，hPC-SAFT-MPTA 拟合得到的极限孔隙体积为1.47×10^{-2} cm^3/g（表5.4.9），该值大于实验测得的微孔体积（9×10^{-4} cm^3/g），小于实验测得的介孔体积（3.02×10^{-2} cm^3/g）。这进一步证实了在超临界条件下，微孔中

的吸附是体积充填的结果,而介孔中主要发生单层或多层吸附。从表 5.4.9 中还可以看出,对于 CH_4—页岩吸附系统,吸附特征能的范围在 2303.99~5008.44J/mol 之间。对于 CO_2—页岩吸附系统,吸附特征能的范围在 4556.85~5564.98J/mol 之间。因此,页岩对 CO_2 的吸附能力要大于对 CH_4 的吸附能力。此外,拟合得到的 β 在 1~2 之间(表 5.4.9),符合物理实际[41]。

第六章　竞争吸附对二氧化碳置换页岩气及碳埋存的影响

本章针对二氧化碳（CO_2）强化页岩气开采及地质埋存一体化方案，利用分子模拟研究了微观条件下 CH_4 与 CO_2 的竞争吸附行为，阐明了 CH_4 与 CO_2 的竞争吸附特征，明确了水相、储层埋深对竞争吸附的影响。

第一节　二氧化碳强化页岩气开采及地质埋存一体化

衰竭式开发条件下，页岩气井产量递减快，采收率低（普遍<30%）[196-197]。加之自身极其致密，传统的注水方法难以来实现补能。

针对上述问题，一些学者提出了 CO_2 强化页岩气开采及地质埋存一体化方案，有望为页岩气资源的高效开发与环境保护提供一种双赢的策略，一方面利用 CO_2 置换页岩气、补充气藏能量，提高页岩气采收率；另一方面完成 CO_2 的地层埋存，抵消开采过程产生的 CO_2，降低碳排放，实现开采过程的碳中和[198-200]。在这个过程中，CO_2 与页岩气的竞争吸附发挥了重要作用，这主要是因为 CO_2 与页岩的相互作用强度要高于 CH_4 与页岩的相互作用强度，即页岩对 CO_2 的吸附能力强于对 CH_4 的吸附能力。当向页岩气储层注入 CO_2 后，注入的 CO_2 会通过竞争吸附置换出原本吸附的 CH_4。此外，CO_2 的注入还可以降低 CH_4 分压，从而促进 CH_4 解吸。

CO_2 强化页岩气开采及地质埋存一体化方案，不仅具有显著的经济效益，同时也为环境保护提供了创新的解决方案，因此已成为国际研究的热点和前沿议题。然而，尽管这一方案前景广阔，目前还未在全球范围内得到广泛的推广和应用，相应的关键理论仍处于基础研究阶段，尤其是微纳米孔隙中 CO_2 与 CH_4 的竞争吸附机理，因此有必要针对这一问题开展深入研究。现阶段，主要的研究手段为实验研究和分子模拟，实验研究可以直接测定 CO_2 与 CH_4 的竞争吸附行为。一些学者已经开展了相关的 CH_4—CO_2 竞争吸附实验[201-203]，这些实验通常采用煤层气吸附实验装置，或对单组分实验装置进行了相应的改进，多组分气体吸附实验难度大，实验压力和温度受限，与实际储层条件还存在较大差异。因此，采用实验研究很难准确揭示页岩微纳米孔隙中 CH_4—CO_2 竞争吸附机理。为了突破实验温度和压力条件的限制，从微观角度研究微纳米孔隙中 CH_4—CO_2 竞争吸附机理，这里采用了分子模拟方法。

第二节 基于分子模拟的吸附竞争行为模拟

这里选择Ⅰ型干酪根分子模型，使用 GCMC 方法模拟甲烷和二氧化碳在干酪根中的竞争吸附行为。模拟温度 298~428K，最高压力 30MPa。力场选择 COMPASS 力场，静电相互作用力采用 Ewald 求和方法，范德华相互作用采用 Atom based 求和方法，截断半径取 1.55nm。模拟采用周期性边界条件。

一、甲烷—二氧化碳竞争吸附特征

温度 298K 时，不同摩尔分数条件下，CO_2 和 CH_4 吸附量随压力的变化如图 6.2.1（a）和图 6.2.1（b）所示。无论是 CH_4 还是 CO_2，其对应的吸附量随摩尔分数的增加而增加。相对于 CH_4，CO_2 的吸附量在低压条件下就可以达到饱和，这表明 CO_2 更容易在干酪根纳米孔中吸附。随着 CO_2 摩尔分数的降低，CO_2 的吸附量下降。对于 CH_4，当其对应的摩尔分数为 0.75 时，20MPa 下 CH_4 的吸附量约为纯 CH_4 吸附量的一半。当 CH_4 的摩尔分数为 0.25 时，20MPa 下 CH_4 的吸附量约为纯 CH_4 吸附量的 1/6。

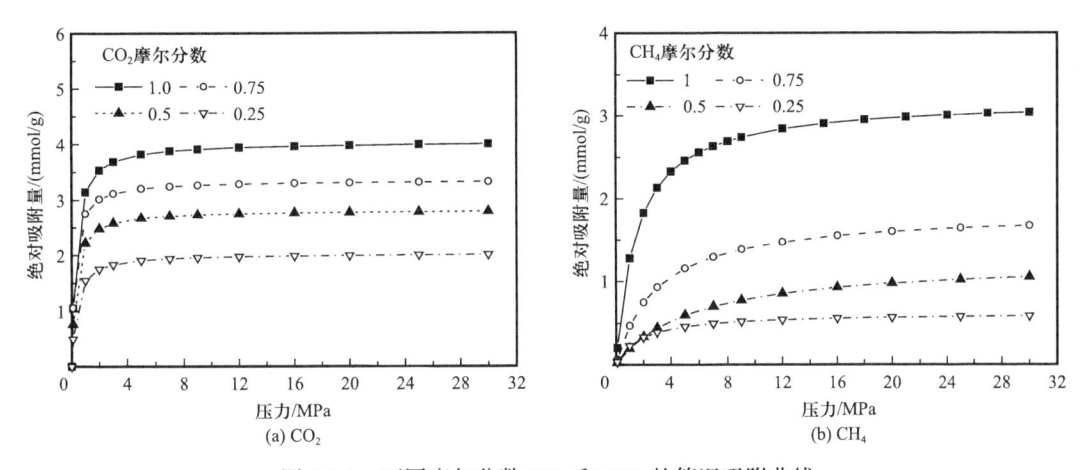

图 6.2.1 不同摩尔分数 CO_2 和 CH_4 的等温吸附曲线

竞争吸附条件下，CH_4 吸附量随温度和压力的变化如图 6.2.2（a）和图 6.2.2（b）所示，CH_4 的绝对吸附量随温度的升高而降低，这表明高温限制了 CH_4 的吸附。这是因为：CH_4 在页岩干酪根中的吸附是物理吸附[107, 204]，随着温度的升高，CH_4 分子热运动增加，导致其的平均动能增加，促使其克服能量壁垒，成为自由气[205]。

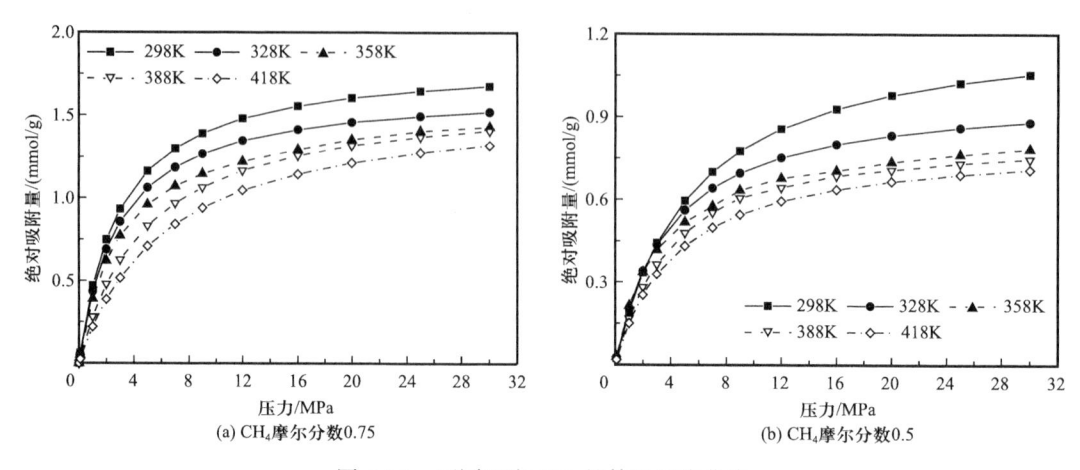

图 6.2.2 不同温度 CH$_4$ 的等温吸附曲线

不同摩尔分数条件下 CO$_2$ 和 CH$_4$ 的吸附量随压力的变化如图 6.2.3 所示。CH$_4$ 和 CO$_2$ 的压力越高，吸附量越大。当 CO$_2$ 的摩尔分数大于 0.19 时，CO$_2$ 的吸附量大于 CH$_4$。随着 CO$_2$ 摩尔分数的增加，CO$_2$ 的吸附量增加。

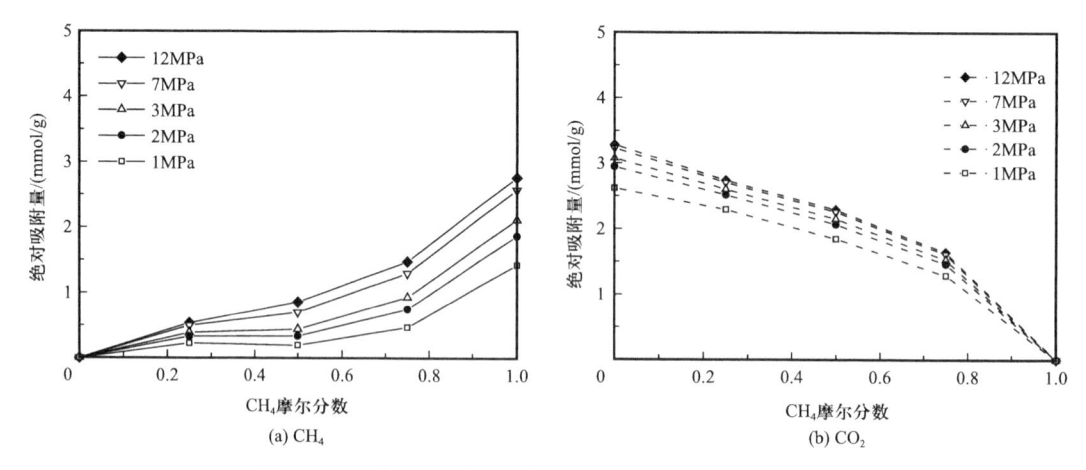

图 6.2.3 不同 CH$_4$ 摩尔分数下 CH$_4$、CO$_2$ 的绝对吸附量

吸附选择性系数是定量评价二元混合物竞争吸附行为的重要参数，吸附选择性系数大于 1，说明二元混合物中一种组分的优先吸附性能大于另一种组分。对于甲烷和 CO$_2$ 竞争吸附，吸附选择性系数 S_{CO_2} 定义如下：

$$S_{CO_2} = \frac{\left(x_{CO_2}/x_{CH_4}\right)_{adsorbed}}{\left(y_{CO_2}/y_{CH_4}\right)_{bulk}} \quad (6.2.1)$$

其中，x_{CO_2} 和 x_{CH_4} 分别表示吸附相 CO$_2$ 和 CH$_4$ 的摩尔分数，y_{CO_2} 和 y_{CH_4} 分别表示体相 CO$_2$ 和 CH$_4$ 的摩尔分数。S_{CO_2} 的计算结果均大于 1，如图 6.2.4 所示，表明在竞争吸附条

件下，CO_2 优先在干酪根纳米孔隙中吸附。当温度为 328K 时，S_{CO_2} 随着压力增加而降低，直到压力达到 CO_2 临界压力（7.38MPa）。当压力超过 7.38MPa 后，随着压力的增加，S_{CO_2} 保持不变，约 3.8。这说明在不同的压力条件下，CO_2 优先吸附。此外，压力小于 5MPa 时，S_{CO_2} 远大于 1，且 CH_4 摩尔分数越小，S_{CO_2} 越大。因此，低压条件下 CO_2 更容易通过竞争吸附置换 CH_4。不同温度条件下，S_{CO_2} 随压力的变化如图 6.2.4（b）所示。整体来看，S_{CO_2} 随着温度的升高而降低，这个说明：相对于 CH_4，CO_2 在干酪根纳米孔隙中的吸附更容易受到温度的影响。

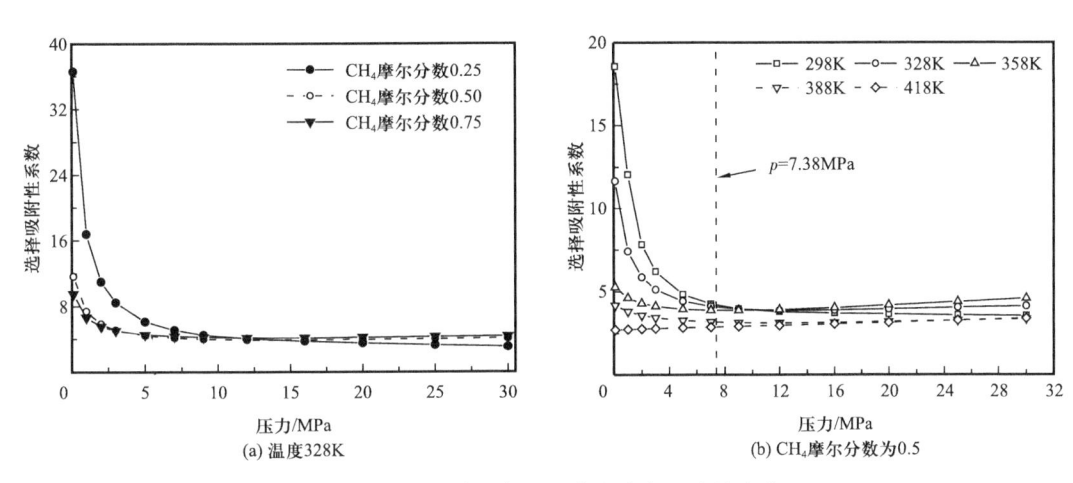

图 6.2.4 S_{CO_2} 随温度、压力和摩尔组成的变化

二、甲烷—二氧化碳竞争吸附热力学分析

CH_4 和 CO_2 在不同摩尔分数下的平均等量吸附热如图 6.2.5 所示。不同摩尔组成条件下，CO_2 的吸附热均高于 CH_4，这与之前学者的研究结果是一致的[206-207]。当 CH_4 的摩尔分数分别为 0.25、0.5 和 0.75 时，CO_2 的吸附热分别为 28.34kJ/mol、28.08kJ/mol 和 28.26kJ/mol，CH_4 的吸附热分别为 19.43kJ/mol、19.84kJ/mol 和 19.87kJ/mol，均小于 40kJ/mol，这表明 CH_4 和 CO_2 在干酪根中的吸附属于物理吸附[208]。吸附热越大，吸附质分子与吸附剂的相互作用越强，吸附剂对吸附质分子的吸附能力也越强。CH_4 吸附的吸附热可以在一定程度上反映 CH_4 吸附量。在干酪根中，CO_2 的吸附热高于 CH_4，说明干酪根与 CO_2 的相互作用越强。

30MPa 条件下，CH_4、CO_2 在干酪根纳米孔中的相互作用能量分布如图 6.2.6 至图 6.2.8 所示。整体来看，CH_4 对应的相互作用能量分布曲线在 CO_2 对应的相互作用能量分布曲线的右侧，CH_4 对应的最可几相互作用能（Most Probable Interaction Energy）小于 CO_2 对应的最可几相互作用能。最可几相互作用能通常是指分子间相互作用发生频率最高的能量值，即对应相互作用能量分布曲线的峰值。最可几相互作用能越大，说明吸附质分子与吸

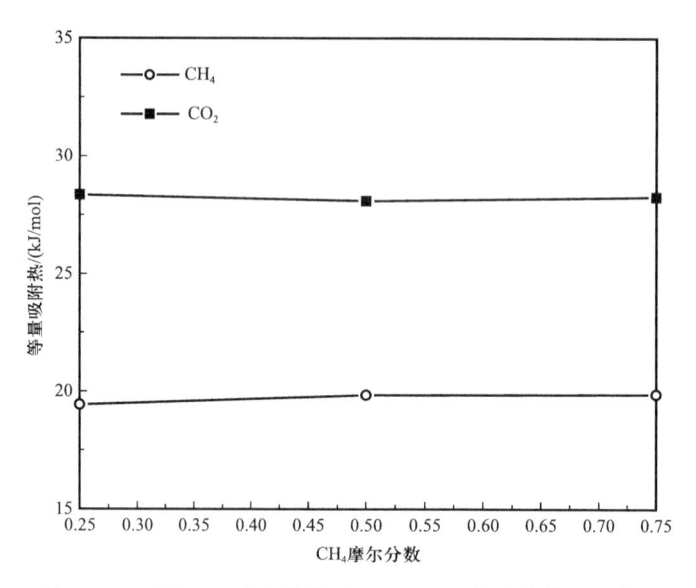

图 6.2.5　不同 CH_4 摩尔分数下 CH_4、CO_2 的平均等量吸附热

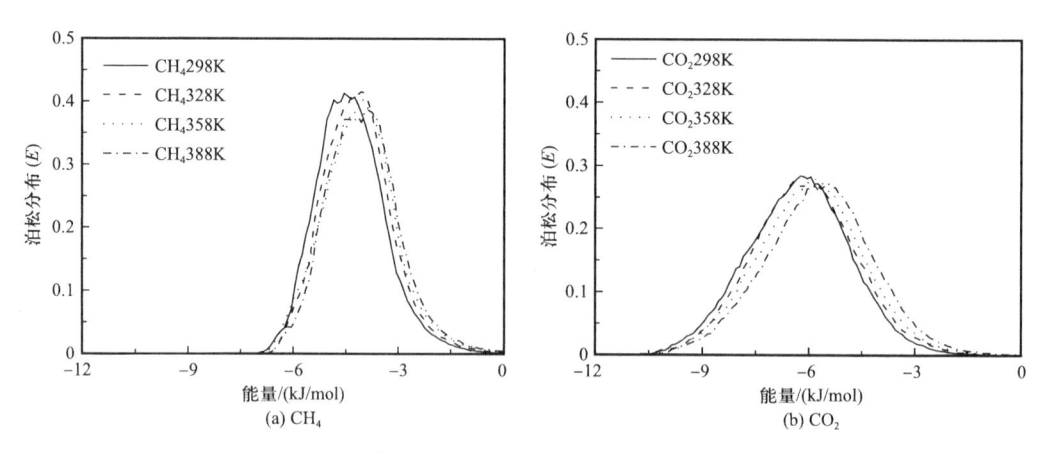

图 6.2.6　CH_4 摩尔分数为 0.75 时对应的相互作用能量分布

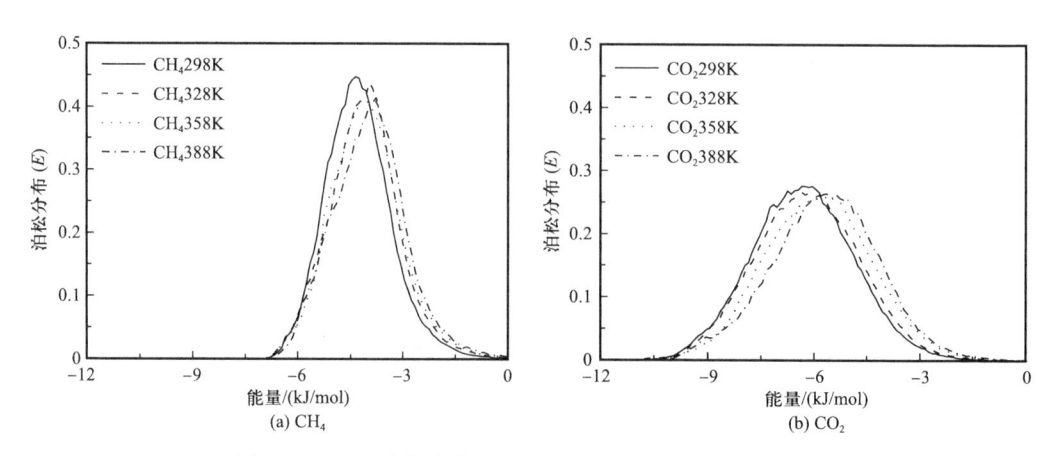

图 6.2.7　CH_4 摩尔分数为 0.5 时对应的相互作用能量分布

附剂之间的相互作用越强。整体而言，CO_2 与干酪根的相互作用要强于 CH_4 与干酪根的相互作用，干酪根对 CO_2 分子的吸附能力也要强于对 CH_4 的吸附能力。此外，随着温度的升高，无论是 CH_4 对应的相互作用能量分布曲线，还是 CO_2 对应的相互作用能量分布曲线，都向右移动，对应的最可几相互作用能也逐渐变小。这说明：随着温度的升高，页岩干酪根纳米孔隙中的 CH_4 或是 CO_2 分子逐渐从高能吸附位转移到低能吸附位，从稳定的吸附状态向不稳定的吸附状态转变。

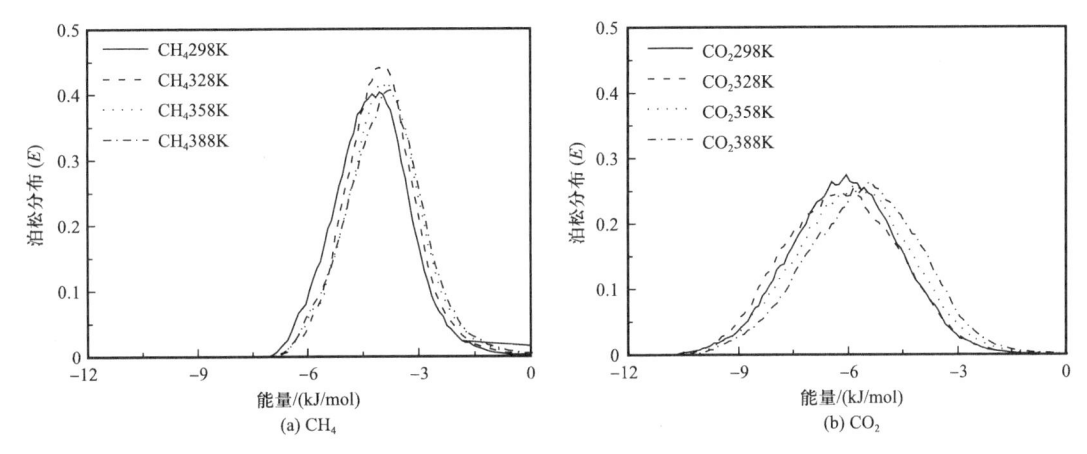

图 6.2.8 CH_4 摩尔分数为 0.25 时对应的相互作用能量分布

第三节 水相对甲烷—二氧化碳竞争吸附行为的影响

页岩储层原始条件下普遍含水，而水分会影响 CH_4—CO_2 之间的竞争吸附行为，因此有必要阐明含水条件下 CH_4—CO_2 的竞争吸附机理和规律，从而为 CO_2 强化页岩气开采及地质埋存一体化方案提供理论指导。

这里为了明确水分子在微纳米孔隙中的分布情况，基于 I 型干酪根分子模型，建立了页岩干酪根狭缝孔分子模型，如图 6.3.1 所示，狭缝宽度为 2nm。采用 GCMC 方法模拟竞争吸附过程，力场选择 COMPASS 力场，构型计算选择 Metropolis 法，在每次模拟过程中，分子可能的运动方式有 4 种：平移、旋转、插入和替换。采用 Lennard-Jones 9-6 势能函数计算非键相互作用，短程相互作用截断半径为 12.5 埃，长程静电相互作用由 Ewald 加和法描述。每次模拟执行了 1×10^7 步。前 5×10^6 步用于确保达到平衡，后 5×10^6 步用于计算热力学参数。

(a)

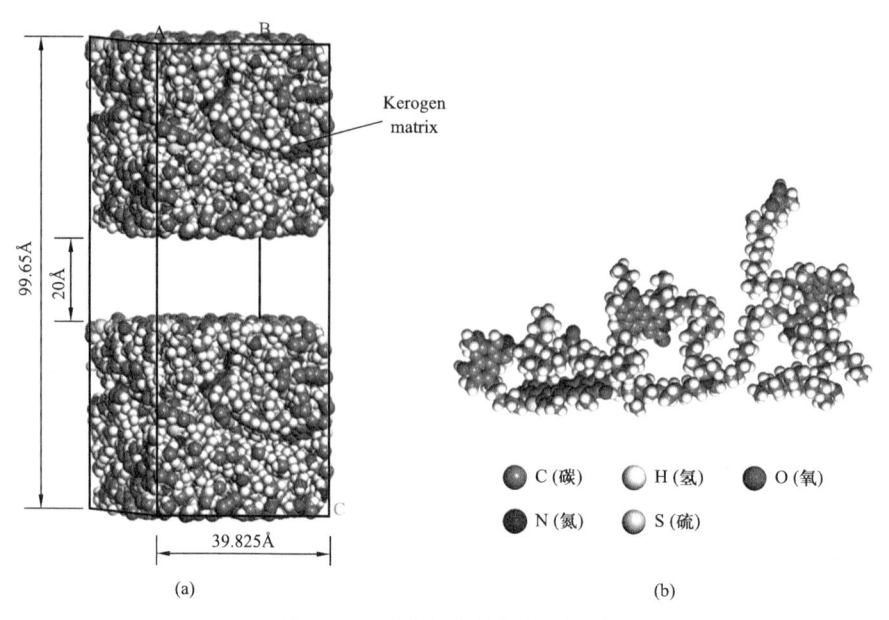

(b)

图 6.3.1　干酪根狭缝孔分子模型

将含水量设定为 0.6%、1.2%、1.8% 和 2.4%，首先研究了水分子在干酪根狭缝孔中的分布规律，模拟结果如图 6.3.2 所示。图 6.3.2 显示，水分子优先吸附于干酪根孔中，只有少量水分子吸附在狭缝孔中。此外，随着含水量的增加，孔隙体积逐渐减小，如图 6.3.3 所示。此外，水分子还将一些有效的孔隙分割为无效的孔隙，Huang 等[209]通过分子模拟也发现了类似的现象。

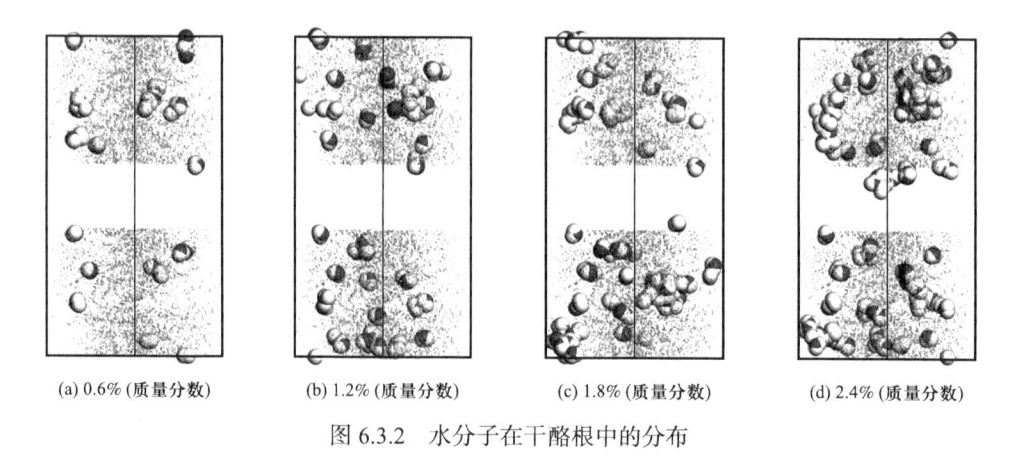

(a) 0.6%（质量分数）　　(b) 1.2%（质量分数）　　(c) 1.8%（质量分数）　　(d) 2.4%（质量分数）

图 6.3.2　水分子在干酪根中的分布

图 6.3.4 显示了在质量分数为 2.4% 的含水量条件下，水分子与干酪根中不同原子（碳 C、氢 H、氧 O、氮 N 和硫 S）之间的径向分布函数（RDF）计算结果。RDF 曲线的峰值高度代表水分子与各原子间的相互作用强度，峰值越高，表示相互作用越强。图 X 显示，水分子与硫原子 S 之间的 RDF 曲线峰值最高，表示它们之间的相互作用最强。其次是水

分子与氧原子 O 之间的相互作用，其 RDF 曲线峰值次之。再次是水分子与氮原子 N 之间的相互作用。水分子与碳原子 C 和氢原子 H 之间的 RDF 曲线峰值最低，表明它们之间的相互作用较弱。这也说明：水分子主要吸附于干酪根中含 O 和 S 原子的官能团附近。

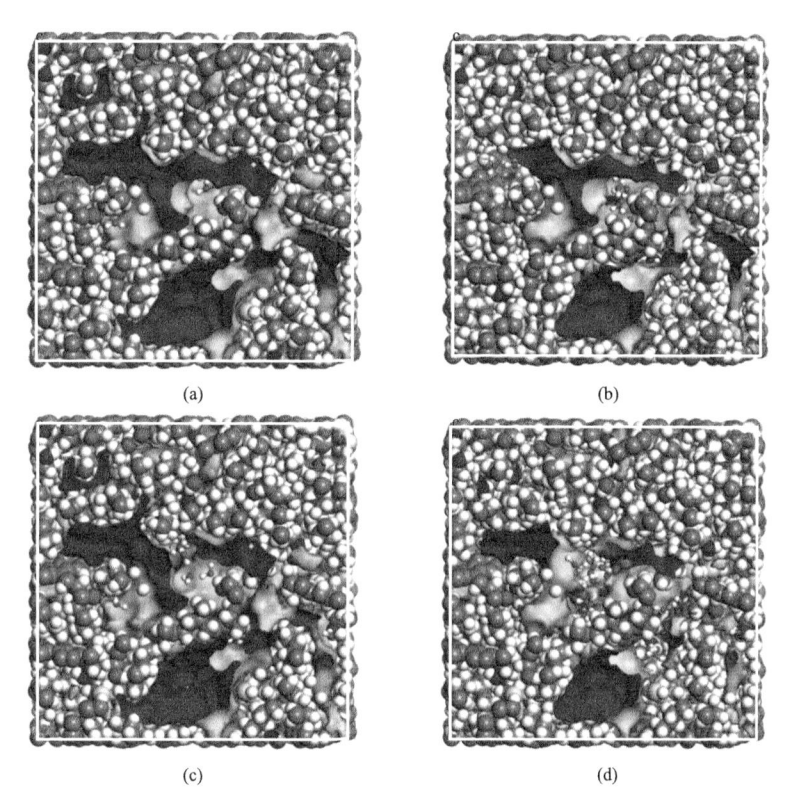

图 6.3.3　不同含水条件下的干酪根孔隙体积

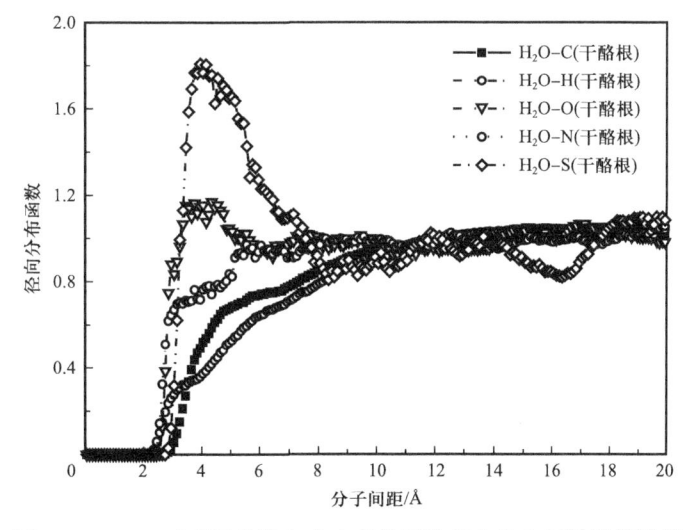

图 6.3.4　2.4%（质量分数）含水条件下的径向分布函数计算结果

当储层压力为 30MPa 时，随着含水量的增加，干酪根狭缝孔对 CH_4 和 CO_2 的吸附能力下降，CH_4 和 CO_2 的吸附量降低，如图 6.3.5 所示。含水量从 0% 增加到 2.4% 后，CH_4 的吸附量下降了 20.55%，CO_2 的吸附量下降了 9.91%。这是因为：（1）水分子团簇占据了干酪根纳米孔，甚至将部分纳米孔分割为无效孔隙。（2）水分子吸附在亲水官能团后，阻碍了干酪根与气体分子的相互作用[210]。此外，图 6.3.5 展示了不同含水条件下的 CO_2 对 CH_4 的吸附选择性，整体来看含水量对吸附选择性的影响很小。

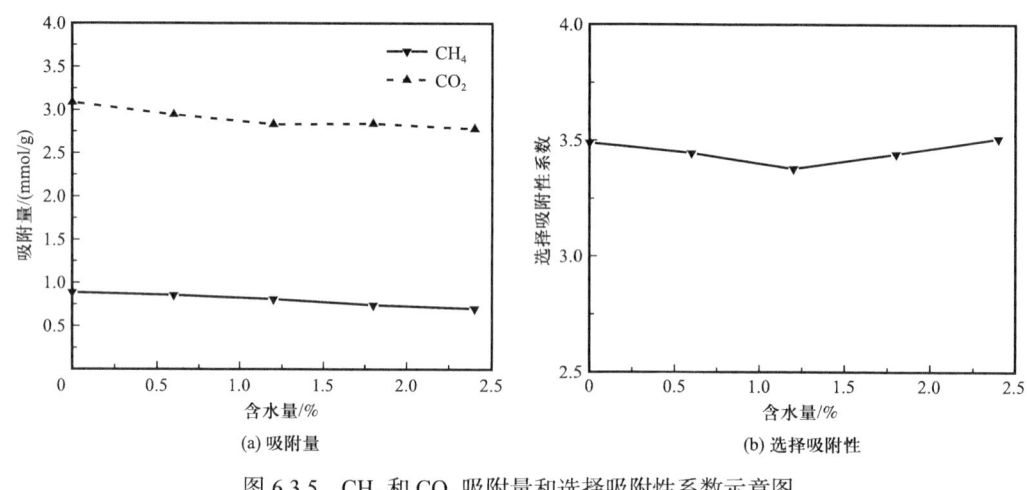

(a) 吸附量

(b) 选择吸附性

图 6.3.5 CH_4 和 CO_2 吸附量和选择吸附性系数示意图

第四节 储层深度对竞争吸附的影响

基于分子模拟结果，进一步分析了不同储层埋深条件下 CO_2 强化页岩气开采的效果。这里假定压力梯度为 10MPa/km，地温梯度为 25℃/km，对应的计算结果如图 6.4.1 所示。整体来看，无论是纯 CH_4 还是 CH_4—CO_2 混合物（CH_4：CO_2=1：1），CH_4 吸附量会随着储层埋深的增加而增加。但是，在竞争吸附条件下，对于 CH_4—CO_2 混合物（CH_4：CO_2=1：1），CO_2 吸附量随着储层埋深的增加先增加后减小，对应的峰值约为 3.5 mmol/g。这是因为：储层温度和压力均对气体吸附量有影响，气体吸附量会随着压力的增加而增加，随着温度的增加而降低[211]。当储层埋深较浅时，温度对吸附的影响可以忽略，压力的影响占主导地位。但是，当储层埋深较深时，温度的影响会逐渐增大，甚至超过压力的影响。

在储层注入 CO_2 后，CO_2 可以通过竞争吸附置换出 CH_4，促进 CH_4 解吸。当含水量为 1.8% 时，竞争吸附条件下，CH_4 解吸量随储层埋深的变化如图 6.4.2 所示。水相的存在

不利于 CH_4 解吸。此外，随着储层埋深的增加，CH_4 解吸量先快速增加后缓慢增加。但是，当储层埋深超过 2500m 后，CH_4 解吸量反而缓慢下降。因此，对于 CO_2 强化页岩气开采及地质埋存一体化项目适用于浅层页岩气藏，储层埋深小于 2500m。

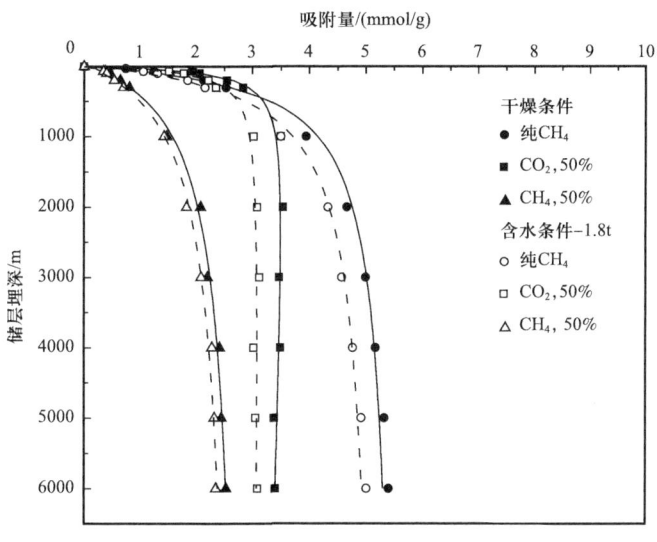

图 6.4.1　CH_4 和 CO_2 的吸附量与储层深度的关系

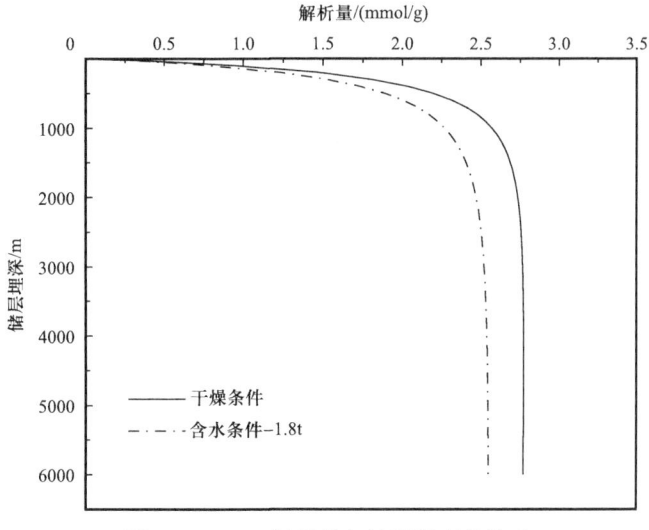

图 6.4.2　CH_4 解吸量与储层深度的关系

参 考 文 献

[1] 马新华,张晓伟,熊伟,等.中国页岩气发展前景及挑战[J].石油科学通报,2023,8(4):491-501.

[2] 刘合,梁坤,张国生,等.碳达峰、碳中和约束下我国天然气发展策略研究[J].中国工程科学,2021,23(6):33-42.

[3] 周守为,朱军龙.助力"碳达峰、碳中和"战略的路径探索[J].天然气工业,2021,41(12):1-8.

[4] Curtis John B. Fractured shale-gas systems[J]. AAPG bulletin, 2002, 86(11):1921-1938.

[5] 李相方,蒲云超,孙长宇,等.煤层气与页岩气吸附/解吸的理论再认识[J].石油学报,2014,35(6):1113-1129.

[6] 邹才能,赵群,丛连铸,等.中国页岩气开发进展、潜力及前景[J].天然气工业,2021,41(1):1-14.

[7] Dai Jinxing, Zou Caineng, Liao Shimeng, et al. Geochemistry of the extremely high thermal maturity Longmaxi shale gas, southern Sichuan Basin[J]. Organic Geochemistry, 2014, 74: 3-12.

[8] Dai Jinxing, Ni Yunyan, Gong Deyu, et al. Geochemical characteristics of gases from the largest tight sand gas field (Sulige) and shale gas field (Fuling) in China[J]. Marine and Petroleum Geology, 2017, 79: 426-438.

[9] 高栋臣,姜呈馥,孙兵华,等.鄂尔多斯盆地南部页岩气地化特征及成因[J].延安大学学报(自然科学版),2014,33(3):78-82.

[10] 陈斐然,姜呈馥,史鹏,等.陆相页岩气组分与碳同位素特征——对页岩气产量预测的启示[J].天然气地球科学,2019,27(6):1074-1083.

[11] 王濡岳,丁文龙,龚大建,等.黔北地区海相页岩气保存条件——以贵州岑巩区块下寒武统牛蹄塘组为例[J].石油与天然气地质,2016,37(1):45-55.

[12] Zumberge John, Ferworn Kevin, Brown Stephen. Isotopic reversal ('rollover') in shale gases produced from the Mississippian Barnett and Fayetteville formations[J]. Marine and Petroleum Geology, 2012, 31(1):43-52.

[13] Bullin Keitb A, Krouskop Peter E. Compositional variety complicates processing plans for US shale gas[J]. Oil & Gas Journal, 2009, 107(10):50-55.

[14] Rodriguez Norelis D, Philp R Paul. Geochemical characterization of gases from the Mississippian Barnett shale, Fort Worth basin, Texas[J]. AAPG bulletin, 2010, 94(11):1641-1656.

[15] Strapoc Dariusz, Mastalerz Maria, Schimmelmann Arndt, et al. Geochemical constraints on the origin and volume of gas in the New Albany Shale (Devonian-Mississippian), eastern Illinois Basin[J]. AAPG bulletin, 2010, 94(11):1713-1740.

[16] Milkov Alexei V, Faiz Mohinudeen, Etiope Giuseppe. Geochemistry of shale gases from around the world: Composition, origins, isotope reversals and rollovers, and implications for the exploration of shale plays[J]. Organic Geochemistry, 2020, 143: 103997.

[17] Feng Ziqi, Hao Fang, Tian Jinqiang, et al. Shale gas geochemistry in the Sichuan Basin, China[J]. Earth-Science Reviews, 2022, 232: 104141.

[18] Broom Darren P, Thomas K Mark. Gas adsorption by nanoporous materials: Future applications and experimental challenges[J]. MRS bulletin, 2013, 38(5):412-421.

[19] Thommes Matthias, Kaneko Katsumi, Neimark Alexander V, et al. Physisorption of gases, with special

reference to the evaluation of surface area and pore size distribution (IUPAC Technical Report) [J]. Pure and Applied Chemistry, 2015, 87 (9-10): 1051-1069.

[20] Yang Feng, Ning Zhengfu, Zhang Rui, et al. Investigations on the methane sorption capacity of marine shales from Sichuan Basin, China [J]. International Journal of Coal Geology, 2015, 146: 104-117.

[21] Gensterblum Yves, Merkel Alexej, Busch Andreas, et al. High-pressure CH_4 and CO_2 sorption isotherms as a function of coal maturity and the influence of moisture [J]. International Journal of Coal Geology, 2013, 118: 45-57.

[22] Ren Wenxi, Li Gensheng, Tian Shouceng, et al. Adsorption and surface diffusion of supercritical methane in shale [J]. Industrial & Engineering Chemistry Research, 2017, 56 (12): 3446-3455.

[23] Rexer Thomas FT, Benham Michael J, Aplin Andrew C, et al. Methane adsorption on shale under simulated geological temperature and pressure conditions [J]. Energy & Fuels, 2013, 27 (6): 3099-3109.

[24] Rexer Thomas F, Mathia Eliza J, Aplin Andrew C, et al. High-pressure methane adsorption and characterization of pores in Posidonia shales and isolated kerogens [J]. Energy & Fuels, 2014, 28 (5): 2886-2901.

[25] Gasparik Matus, Bertier Pieter, Gensterblum Yves, et al. Geological controls on the methane storage capacity in organic-rich shales [J]. International Journal of Coal Geology, 2014, 123: 34-51.

[26] Tang Xu, Ripepi Nino, Stadie Nicholas P, et al. A dual-site Langmuir equation for accurate estimation of high pressure deep shale gas resources [J]. Fuel, 2016, 185: 10-17.

[27] Cao Dapeng, Wu Jianzhong. Self-diffusion of methane in single-walled carbon nanotubes at sub-and supercritical conditions [J]. Langmuir, 2004, 20 (9): 3759-3765.

[28] Zhang Tongwei, Ellis Geoffrey S, Ruppel Stephen C, et al. Effect of organic-matter type and thermal maturity on methane adsorption in shale-gas systems [J]. Organic Geochemistry, 2012, 47: 120-131.

[29] 李武广, 杨胜来, 徐晶, 等. 考虑地层温度和压力的页岩吸附气含量计算新模型 [J]. 天然气地球科学, 2012, 23 (4): 791-796.

[30] Ji Wenming, Song Yan, Jiang Zhenxue, et al. Estimation of marine shale methane adsorption capacity based on experimental investigations of Lower Silurian Longmaxi formation in the Upper Yangtze Platform, south China [J]. Marine and Petroleum Geology, 2015, 68: 94-106.

[31] 杨峰, 宁正福, 刘慧卿, 等. 页岩对甲烷的等温吸附特性研究 [J]. 特种油气藏, 2013, 20 (5): 133-137.

[32] Jin Zhehui, Firoozabadi Abbas. Thermodynamic modeling of phase behavior in shale media [J]. SPE Journal, 2016, 21 (1): 190-207.

[33] 周尚文, 王红岩, 薛华庆, 等. 页岩过剩吸附量与绝对吸附量的差异及页岩气储量计算新方法 [J]. 天然气工业, 2016, 36 (11): 12-20.

[34] Sips Robert. On the structure of a catalyst surface [J]. The Journal of Chemical Physics, 1948, 16 (5): 490-495.

[35] Yu Wei, Sepehrnoori Kamy, Patzek Tadeusz W. Modeling gas adsorption in Marcellus shale with Langmuir and bet isotherms [J]. SPE Journal, 2016, 21 (2): 589-600.

[36] Brunauer Stephen, Emmett Paul Hugh, Teller Edward. Adsorption of gases in multimolecular layers [J]. Journal of the American Chemical Society, 1938, 60 (2): 309-319.

[37] Harpalani Satya, Prusty Basanta K, Dutta Pratik. Methane/CO_2 sorption modeling for coalbed methane production and CO_2 sequestration [J]. Energy & Fuels, 2006, 20(4): 1591-1599.

[38] Galarneau Anne, Cambon Hélène, Di Renzo Francesco, et al. True microporosity and surface area of mesoporous SBA-15 silicas as a function of synthesis temperature [J]. Langmuir, 2001, 17(26): 8328-8335.

[39] Aranovich Grigoriy L, Donohue Marc D. Adsorption isotherms for microporous adsorbents [J]. Carbon, 1995, 33(10): 1369-1375.

[40] Tian Hui, Li Tengfei, Zhang Tongwei, et al. Characterization of methane adsorption on overmature Lower Silurian-Upper Ordovician shales in Sichuan Basin, southwest China: Experimental results and geological implications [J]. International Journal of Coal Geology, 2016, 156: 36-49.

[41] Dubinin MM. Fundamentals of the theory of adsorption in micropores of carbon adsorbents: characteristics of their adsorption properties and microporous structures [J]. Pure and Applied Chemistry, 1989, 61(11): 1841-1843.

[42] Polanyi Michael. The potential theory of adsorption [J]. Science, 1963, 141(3585): 1010-1013.

[43] Dubinin M M. The potential theory of adsorption of gases and vapors for adsorbents with energetically nonuniform surfaces [J]. Chemical Reviews, 1960, 60(2): 235-241.

[44] Dubinin M M, Astakhov V A. Development of the concepts of volume filling of micropores in the adsorption of gases and vapors by microporous adsorbents [J]. Russian Chemical Bulletin, 1971, 20(1): 3-7.

[45] 熊健, 刘向君, 梁利喜, 等. 页岩气超临界吸附的Dubibin-Astakhov改进模型[J]. 石油学报, 2015, 36(7): 849-857.

[46] Li Zhidong, Jin Zhehui, Firoozabadi Abbas. Phase behavior and adsorption of pure substances and mixtures and characterization in nanopore structures by density functional theory [J]. SPE Journal, 2014, 19(6): 1096-1109.

[47] Song Wenhui, Yao Jun, Ma Jingsheng, et al. Grand canonical Monte Carlo simulations of pore structure influence on methane adsorption in micro-porous carbons with applications to coal and shale systems [J]. Fuel, 2018, 215: 196-203.

[48] Wang Tianyu, Tian Shouceng, Li Gensheng, et al. Selective adsorption of supercritical carbon dioxide and methane binary mixture in shale kerogen nanopores [J]. Journal of Natural Gas Science and Engineering, 2018, 50: 181-188.

[49] Xiong Jian, Liu Xiangjun, Liang Lixi, et al. Adsorption of methane in organic-rich shale nanopores: An experimental and molecular simulation study [J]. Fuel, 2017, 200: 299-315.

[50] Psarras Peter, Holmes Randall, Vishal Vikram, et al. Methane and CO_2 adsorption capacities of kerogen in the Eagle Ford shale from molecular simulation [J]. Accounts of Chemical Research, 2017, 50(8): 1818-1828.

[51] Van De Graaf Jolinde M, Kapteijn Freek, Moulijn Jacob A. Modeling permeation of binary mixtures through zeolite membranes [J]. AIChE Journal, 1999, 45(3): 497-511.

[52] Hartman Robert Chad, Ambrose Raymond Joseph, Akkutlu I Yucel, et al. Shale gas-in-place calculations part II-multicomponent gas adsorption effects; proceedings of the North American Unconventional Gas Conference and Exhibition, F, 2011 [C]. Society of Petroleum Engineers.

[53] Toth J. State equation of the solid-gas interface layers [J]. Acta Chimica Academiae Scientiarum Hungaricae, 1971, 69: 311-328.

[54] Nitta Tomoshige, Shigetomi Takuo, Kurooka Masayuki, et al. An adsorption isotherm of multi-site occupancy model for homogeneous surface [J]. Journal of Chemical engineering of Japan, 1984, 17 (1): 39-45.

[55] Malek A, Farooq S. Comparison of isotherm models for hydrocarbon adsorption on activated carbon [J]. AIChE Journal, 1996, 42 (11): 3191-3201.

[56] Myers AL, Prausnitz John M. Thermodynamics of mixed-gas adsorption [J]. AIChE Journal, 1965, 11 (1): 121-127.

[57] Walton Krista S, Sholl David S. Predicting multicomponent adsorption: 50 years of the ideal adsorbed solution theory [J]. AIChE Journal, 2015, 61 (9): 2757-2762.

[58] Valenzuela D P, Myers Alan L, Talu Orhan, et al. Adsorption of gas mixtures: effect of energetic heterogeneity [J]. AIChE Journal, 1988, 34 (3): 397-402.

[59] Wang Kean, Qiao Shizhang, Hu Xijun. On the performance of HIAST and IAST in the prediction of multicomponent adsorption equilibria [J]. Separation and Purification Technology, 2000, 20 (2-3): 243-249.

[60] Qiao Shizhang, Wang Kean, Hu Xijun. Using local IAST with micropore size distribution to predict multicomponent adsorption equilibrium of gases in activated carbon [J]. Langmuir, 2000, 16 (3): 1292-1298.

[61] Zhou Chunhe, Hall Freddie, Gasem Khaled AM, et al. Predicting gas adsorption using two-dimensional equations of state [J]. Industrial & engineering chemistry research, 1994, 33 (5): 1280-1289.

[62] Sudibandriyo Mahmud, Pan Zhejun, Fitzgerald James E, et al. Adsorption of methane, nitrogen, carbon dioxide, and their binary mixtures on dry activated carbon at 318.2K and pressures up to 13.6MPa [J]. Langmuir, 2003, 19 (13): 5323-5331.

[63] Martinez Alejandro, Castro Martin, Mccabe Clare, et al. Predicting adsorption isotherms using a two-dimensional statistical associating fluid theory [J]. The Journal of Chemical Physics, 2007, 126 (7): 1-7.

[64] Gil-Villegas Alejandro, Galindo Amparo, Whitehead Paul J, et al. Statistical associating fluid theory for chain molecules with attractive potentials of variable range [J]. The Journal of Chemical Physics, 1997, 106 (10): 4168-4186.

[65] Ruthven D M. Simple theoretical adsorption isotherm for zeolites [J]. Nature Physical Science, 1971, 232 (29): 70.

[66] Ruthven D M, Loughlin K F, Holborow K A. Multicomponent sorption equilibrium in molecular sieve zeolites [J]. Chemical Engineering Science, 1973, 28 (3): 701-709.

[67] Shapiro Alexander A, Stenby Erling H. Potential theory of multicomponent adsorption [J]. Journal of Colloid and Interface Science, 1998, 201 (2): 146-157.

[68] Monsalvo Matias A, Shapiro Alexander A. Study of high-pressure adsorption from supercritical fluids by the potential theory [J]. Fluid Phase Equilibria, 2009, 283 (1-2): 56-64.

[69] Monsalvo Matias A, Shapiro Alexander A. Modeling adsorption of liquid mixtures on porous materials [J]. Journal of Colloid and Interface Science, 2009, 333 (1): 310-316.

[70] Bartholdy Sofie, Bjørner Martin G, Solbraa Even, et al. Capabilities and limitations of predictive

engineering theories for multicomponent adsorption [J]. Industrial & Engineering Chemistry Research, 2013, 52 (33): 11552-11563.

[71] Bjørner Martin G, Shapiro Alexander A, Kontogeorgis Georgios M. Potential theory of adsorption for associating mixtures: possibilities and limitations [J]. Industrial & Engineering Chemistry Research, 2013, 52 (7): 2672-2684.

[72] Kontogeorgis Georgios M, Voutsas Epaminondas C, Yakoumis Iakovos V, et al. An equation of state for associating fluids [J]. Industrial & Engineering Chemistry Research, 1996, 35 (11): 4310-4318.

[73] Nesterov Igor, Shapiro Alexander, Kontogeorgis Georgios M. Multicomponent adsorption model for polar and associating mixtures [J]. Industrial & Engineering Chemistry Research, 2015, 54 (11): 3039-3050.

[74] Dong Xiaohu, Liu Huiqing, Guo Wei, et al. Study of the confined behavior of hydrocarbons in organic nanopores by the potential theory [J]. Fluid Phase Equilibria, 2016, 429: 214-226.

[75] Ono Syu, Kondo Sohei. Molecular theory of surface tension in liquids [M]. Structure of Liquids/Struktur der Flüssigkeiten. Springer. 1960: 134-280.

[76] Donohue M D, Aranovich GL. Classification of Gibbs adsorption isotherms [J]. Advances in Colloid and Interface Science, 1998, 76: 137-152.

[77] Sudibandriyo Mahmud, Mohammad Sayeed A, Robinson Jr Robert L, et al. Ono-kondo model for high-pressure mixed-gas adsorption on activated carbons and coals [J]. Energy & Fuels, 2011, 25 (7): 3355-3367.

[78] Ottiger Stefan, Pini Ronny, Storti Giuseppe, et al. Measuring and modeling the competitive adsorption of CO_2, CH_4, and N_2 on a dry coal [J]. Langmuir, 2008, 24 (17): 9531-9540.

[79] Rangarajan Bharath, Lira Carl T, Subramanian Ramkumar. Simplified local density model for adsorption over large pressure ranges [J]. AIChE Journal, 1995, 41 (4): 838-845.

[80] Steele William A. The physical interaction of gases with crystalline solids: I. Gas-solid energies and properties of isolated adsorbed atoms [J]. Surface Science, 1973, 36 (1): 317-352.

[81] Fitzgerald J E, Sudibandriyo M, Pan Z, et al. Modeling the adsorption of pure gases on coals with the SLD model [J]. Carbon, 2003, 41 (12): 2203-2216.

[82] Peng Dingyu, Robinson Donald B. A new two-constant equation of state [J]. Industrial & Engineering Chemistry Fundamentals, 1976, 15 (1): 59-64.

[83] Fitzgerald James E, Robinson Robert L, Gasem Khaled AM. Modeling high-pressure adsorption of gas mixtures on activated carbon and coal using a simplified local-density model [J]. Langmuir, 2006, 22 (23): 9610-9618.

[84] Mohammad Sayeed A, Sudibandriyo Mahmud, Fitzgerald James E, et al. Measurements and modeling of excess adsorption of pure and mixed gases on wet coals [J]. Energy & Fuels, 2012, 26 (5): 2899-2910.

[85] Pang Yu, Soliman Mohamed Y, Deng Hucheng, et al. Experimental and analytical investigation of adsorption effects on shale gas transport in organic nanopores [J]. Fuel, 2017, 199: 272-288.

[86] Ma Yixin, Jamili Ahmad. Modeling the density profiles and adsorption of pure and mixture hydrocarbons in shales [J]. Journal of Unconventional Oil and Gas Resources, 2016, 14: 128-138.

[87] Yang Xiaoning, Lira Carl T. Modeling of adsorption on porous activated carbons using SLD-ESD model

with a pore size distribution［J］. Chemical Engineering Journal，2012，195：314-322.

［88］Elliott Jr J Richard，Suresh S Jayaraman，Donohue Marc D. A simple equation of state for non-spherical and associating molecules［J］. Industrial & Engineering Chemistry Research，1990，29（7）：1476-1485.

［89］邹才能，朱如凯，白斌，等. 中国油气储层中纳米孔首次发现及其科学价值［J］. 岩石学报，2011，27（6）：1857-1864.

［90］薛冰，张金川，唐玄，等. 黔西北龙马溪组页岩微观孔隙结构及储气特征［J］. 石油学报，2015，36（2）：138-149.

［91］Yang Rui，He Sheng，Yi Jizheng，et al. Nano-scale pore structure and fractal dimension of organic-rich Wufeng-Longmaxi shale from Jiaoshiba area，Sichuan Basin：Investigations using FE-SEM，gas adsorption and helium pycnometry［J］. Marine and Petroleum Geology，2016，70：27-45.

［92］Yang Feng，Ning Zhengfu，Wang Qing，et al. Pore structure characteristics of lower Silurian shales in the southern Sichuan Basin，China：Insights to pore development and gas storage mechanism［J］. International Journal of Coal Geology，2016，156：12-24.

［93］Curtis Mark E，Sondergeld Carl H，Ambrose Raymond J，et al. Microstructural investigation of gas shales in two and three dimensions using nanometer-scale resolution imaging［J］. AAPG bulletin，2012，96（4）：665-677.

［94］Bernard Sylvain，Horsfield Brian，Schulz Hans-Martin，et al. Geochemical evolution of organic-rich shales with increasing maturity：A STXM and TEM study of the Posidonia Shale（Lower Toarcian，northern Germany）［J］. Marine and Petroleum Geology，2012，31（1）：70-89.

［95］杨峰，宁正福，胡昌蓬，等. 页岩储层微观孔隙结构特征［J］. 石油学报，2013，34（2）：301-311.

［96］王伟明，卢双舫，陈旋，等. 致密砂岩气资源分级评价新方法——以吐哈盆地下侏罗统水西沟群为例［J］. 石油勘探与开发，2015，42（1）：60-67.

［97］Clarkson Christopher R，Freeman M，He L，et al. Characterization of tight gas reservoir pore structure using USANS/SANS and gas adsorption analysis［J］. Fuel，2012，95：371-385.

［98］Yang Feng，Ning Zhengfu，Wang Qing，et al. Pore structure of Cambrian shales from the Sichuan Basin in China and implications to gas storage［J］. Marine and Petroleum Geology，2016，70：14-26.

［99］Groen Johan C，Peffer Louk AA，Pérez-RamíRez Javier. Pore size determination in modified micro- and mesoporous materials. Pitfalls and limitations in gas adsorption data analysis［J］. Microporous and Mesoporous Materials，2003，60（1-3）：1-17.

［100］Ungerer Philippe，Collell Julien，Yiannourakou Marianna. Molecular modeling of the volumetric and thermodynamic properties of kerogen：Influence of organic type and maturity［J］. Energy & fuels，2014，29（1）：91-105.

［101］Tissot Bernard P，Welte Dietrich H. Petroleum formation and occurrence［M］. Springer Science & Business Media，2013.

［102］Behar F，Vandenbroucke M. Chemical modelling of kerogens［J］. Organic Geochemistry，1987，11（1）：15-24.

［103］邹才能，董大忠，王社教，等. 中国页岩气形成机理、地质特征及资源潜力［J］. 石油勘探与开发，2010，37（6）：641-653.

[104] Kelemen S R, Afeworki M, Gorbaty M L, et al. Direct characterization of kerogen by X-ray and solid-state 13C nuclear magnetic resonance methods [J]. Energy & fuels, 2007, 21 (3): 1548-1561.

[105] Sun Huai. COMPASS: an ab initio force-field optimized for condensed-phase applications overview with details on alkane and benzene compounds [J]. Journal of Physical Chemistry B, 1998, 102 (38): 7338-7364.

[106] 闫建萍, 张同伟, 李艳芳, 等. 页岩有机质特征对甲烷吸附的影响 [J]. 煤炭学报, 2013, 38 (5): 805-811.

[107] Zhang Tongwei, Ellis Geoffrey S, Ruppel Stephen C, et al. Effect of organic-matter type and thermal maturity on methane adsorption in shale-gas systems [J]. Organic Geochemistry, 2012, 47: 120-131.

[108] 曹旭辉. 甲烷在干酪根中吸附的巨正则 Monte Carlo 模拟研究 [D]. 青岛: 中国石油大学 (华东), 2014.

[109] 隋宏光, 姚军. CO_2/CH_4 在干酪根中竞争吸附规律的分子模拟 [J]. 中国石油大学学报 (自然科学版), 2016, 40 (2): 147-154.

[110] 刘冰, 史俊勤, 沈跃, 等. 石墨狭缝中甲烷吸附的分子动力学模拟 [J]. 计算物理, 2013, 30 (5): 692-699.

[111] Zhang Junfang, Liu Keyu, Clennell M B, et al. Molecular simulation of CO_2-CH_4 competitive adsorption and induced coal swelling [J]. Fuel, 2015, 160: 309-317.

[112] 熊健, 刘向君, 梁利喜. 甲烷在蒙脱石狭缝孔中吸附行为的分子模拟 [J]. 石油学报, 2016, 37 (8): 1021-1029.

[113] Malanoski A P, Van Swol Frank. Lattice density functional theory investigation of pore shape effects. I. Adsorption in single nonperiodic pores [J]. Physical Review E, 2002, 66 (4): 041602.

[114] He Zhiliang, Li Shuangjian, Nie Haikuan, et al. The shale gas "sweet window": "The cracked and unbroken" state of shale and its depth range [J]. Marine and Petroleum Geology, 2019, 101: 334-342.

[115] 邹才能, 董大忠, 王玉满, 等. 中国页岩气特征, 挑战及前景 (一) [J]. 石油勘探与开发, 2015, 42 (6): 689-701.

[116] 郭彤楼. 深层页岩气勘探开发进展与攻关方向 [J]. 油气藏评价与开发, 2021, 11 (1): 1-6.

[117] Li Teng Fei, Tian Hui, Xiao Xian Ming, et al. Geochemical characterization and methane adsorption capacity of overmature organic-rich Lower Cambrian shales in northeast Guizhou region, southwest China [J]. Marine and Petroleum Geology, 2017, 86: 858-873.

[118] Ye Zhi Hui, Chen Dong, Pan Zhe Jun, et al. An improved Langmuir model for evaluating methane adsorption capacity in shale under various pressures and temperatures [J]. Journal of Natural Gas Science and Engineering, 2016, 31: 658-680.

[119] Yu Wei, Sepehrnoori Kamy, Patzek Tadeusz W. Modeling gas adsorption in Marcellus shale with Langmuir and bet isotherms [J]. SPE Journal, 2016, 21 (2): 589-600.

[120] Rexer Thomas F T, Benham Michael J, Aplin Andrew C, et al. Methane adsorption on shale under simulated geological temperature and pressure conditions [J]. Energy & Fuels, 2013, 27 (6): 3099-3109.

[121] 李明, 周理, 吴琴, 等. 多组分气体吸附平衡理论研究进展[J]. 化学进展, 2002, 14(2): 93-97.

[122] Purewal Justin, Liu Dongan, Sudik Andrea, et al. Improved hydrogen storage and thermal conductivity in high-density MOF-5 composites[J]. The Journal of Physical Chemistry C, 2012, 116(38): 20199-20212.

[123] 朱文涛. 基础物理化学[M]. 北京: 清华大学出版社, 2011.

[124] Soave Giorgio S. An effective modification of the Benedict-Webb-Rubin equation of state[J]. Fluid Phase Equilibria, 1999, 164(2): 157-172.

[125] Ren Wen Xi, Guo Jian Chun, Zeng Fan Hui, et al. Modeling of high-pressure methane adsorption on wet shales[J]. Energy & Fuels, 2019, 33(8): 7043-7051.

[126] Zuo Luo, Jiang Ting Xue, Wang Hai Tao. Calculating the absolute adsorption of high-pressure methane on shale by a new method[J]. Adsorption Science & Technology, 2020, 38(1-2): 46-59.

[127] Stadie Nicholas P, Murialdo Maxwell, Ahn Channing C, et al. Anomalous isosteric enthalpy of adsorption of methane on zeolite-templated carbon[J]. Journal of the American Chemical Society, 2013, 135(3): 990-993.

[128] Chen Lei, Zuo Luo, Jiang Zhen Xue, et al. Mechanisms of shale gas adsorption: Evidence from thermodynamics and kinetics study of methane adsorption on shale[J]. Chemical Engineering Journal, 2019, 361: 559-570.

[129] Xiong Wei, Zuo Luo, Luo Li Tao, et al. Methane adsorption on shale under high temperature and high pressure of reservoir condition: Experiments and supercritical adsorption modeling[J]. Adsorption Science & Technology, 2016, 34(2-3): 193-211.

[130] Shen Wei Jun, Li Xi Zhe, Ma Tian Ran, et al. High-pressure methane adsorption behavior on deep shales: Experiments and modeling[J]. Physics of Fluids, 2021, 33(6): 063103.

[131] Yang Feng, Ning Zheng Fu, Zhang Rui, et al. Investigations on the methane sorption capacity of marine shales from Sichuan Basin, China[J]. International Journal of Coal Geology, 2015, 146: 104-117.

[132] 田守嶒, 王天宇, 李根生, 等. 页岩不同类型干酪根内甲烷吸附行为的分子模拟[J]. 天然气工业, 2017, 37(12): 18-25.

[133] Zhou Shang Wen, Xue Hua Qing, Ning Yang, et al. Experimental study of supercritical methane adsorption in Longmaxi shale: Insights into the density of adsorbed methane[J]. Fuel, 2018, 211: 140-148.

[134] Ren Wen Xi, Tian Shou Ceng, Li Gen Sheng, et al. Modeling of mixed-gas adsorption on shale using hPC-SAFT-MPTA[J]. Fuel, 2017, 210: 535-544.

[135] Do D D, Do H D. Adsorption of supercritical fluids in non-porous and porous carbons: analysis of adsorbed phase volume and density[J]. Carbon, 2003, 41(9): 1777-1791.

[136] Ono Syu, Kondo Sohei. Molecular theory of surface tension in liquids[M]. Springer. 1960: 134-280.

[137] 周尚文, 王红岩, 薛华庆, 等. 基于Ono-Kondo格子模型的页岩气超临界吸附机理探讨[J]. 地球科学, 2017, 42(8): 1421-1430.

[138] Dubinin M M, Astakhov V A. Development of the concepts of volume filling of micropores in the adsorption of gases and vapors by microporous adsorbents[J]. Bulletin of the Academy of Sciences of

[139] the USSR, Division of chemical science, 1971, 20 (1): 8-12.

[139] Polanyi Michael. The potential theory of adsorption [J]. Science, 1963, 141 (3585): 1010-1013.

[140] Sakurovs Richard, Day Stuart, Weir Steve, et al. Application of a modified Dubinin-Radushkevich equation to adsorption of gases by coals under supercritical conditions [J]. Energy & fuels, 2007, 21 (2): 992-997.

[141] Ren Wen Xi, Li Gen Sheng, Tian Shou Ceng, et al. Adsorption and surface diffusion of supercritical methane in shale [J]. Industrial & Engineering Chemistry Research, 2017, 56 (12): 3446-3455.

[142] Yang Feng, Xie Cong Jiao, Xu Shang, et al. Supercritical methane sorption on organic-rich shales over a wide temperature range [J]. Energy & Fuels, 2017, 31 (12): 13427-13438.

[143] Shethna H K, Bhatia S K. Interpretation of adsorption isotherms at above-critical temperatures using a modified micropore filling model [J]. Langmuir, 1994, 10 (3): 870-876.

[144] 王鹏威, 谌卓恒, 金之钧, 等. 页岩油气资源评价参数之"总有机碳含量"的优选: 以西加盆地泥盆系 Duvernay 页岩为例 [J]. 地球科学, 2019, 44 (2): 504-512.

[145] 刘志祥, 冯增朝. 煤体对瓦斯吸附热的理论研究 [J]. 煤炭学报, 2012, 37 (4): 647-653.

[146] Liu Yu, Guo Fang Yuan, Hu Jun, et al. Entropy prediction for H_2 adsorption in metal-organic frameworks [J]. Physical Chemistry Chemical Physics, 2016, 18 (34): 23998-24005.

[147] Rezaee Reza. Fundamentals of gas shale reservoirs [M]. John Wiley & Sons, 2015.

[148] 方朝合, 黄志龙, 王巧智, 等. 富含气页岩储层超低含水饱和度成因及意义 [J]. 天然气地球科学, 2014, 25 (3): 471-476.

[149] 刘洪林, 王红岩. 中国南方海相页岩超低含水饱和度特征及超压核心区选择指标 [J]. 天然气工业, 2013, 33 (7): 140-144.

[150] Ross Daniel J K, Bustin R Marc. Shale gas potential of the lower Jurassic Gordondale member, northeastern British Columbia, Canada [J]. Bulletin of Canadian petroleum geology, 2007, 55 (1): 51-75.

[151] Merkel Alexej, Fink Reinhard, Littke Ralf. The role of pre-adsorbed water on methane sorption capacity of Bossier and Haynesville shales [J]. International Journal of Coal Geology, 2015, 147-148 (1): 1-8.

[152] Merkel Alexej, Fink Reinhard, Littke Ralf. High pressure methane sorption characteristics of lacustrine shales from the Midland Valley Basin, Scotland [J]. Fuel, 2016, 182: 361-372.

[153] Yang Feng, Xie Congjiao, Ning Zhengfu, et al. High-pressure methane sorption on dry and moisture-equilibrated shales [J]. Energy & Fuels, 2017, 31 (1): 482-492.

[154] Shabani Mohammadebrahim, Moallemi Seyed Ali, Krooss Bernhard M, et al. Methane sorption and storage characteristics of organic-rich carbonaceous rocks, Lurestan province, southwest Iran [J]. International Journal of Coal Geology, 2018, 186: 51-64.

[155] Li Jing, Li Xiangfang, Wang Xiangzeng, et al. Water distribution characteristic and effect on methane adsorption capacity in shale clay [J]. International Journal of Coal Geology, 2016, 159: 135-154.

[156] Dreisbach F, Staudt R, Keller JU. High pressure adsorption data of methane, nitrogen, carbon dioxide and their binary and ternary mixtures on activated carbon [J]. Adsorption, 1999, 5: 215-227.

[157] Wang Lu, Wan Jiamin, Tokunaga Tetsu K, et al. Experimental and modeling study of methane adsorption onto partially saturated shales [J]. Water Resources Research, 2018, 54 (7): 5017-5029.

[158] Brunauer Stephen, Emmett Paul Hugh, Teller Edward. Adsorption of gases in multimolecular layers [J]. Journal of the American Chemical Society, 1938, 60 (2): 309-319.

[159] Wang Tianyu, Tian Shouceng, Li Gensheng, et al. Experimental study of water vapor adsorption behaviors on shale [J]. Fuel, 2019, 248: 168-177.

[160] Zou Jie, Rezaee Reza, Xie Quan, et al. Investigation of moisture effect on methane adsorption capacity of shale samples [J]. Fuel, 2018, 232: 323-332.

[161] Li Xiaoqiang, Krooss Bernhard M. Influence of Grain Size and Moisture Content on the High-Pressure Methane Sorption Capacity of Kimmeridge Clay [J]. Energy & Fuels, 2017, 31 (11): 11548-11557.

[162] Zhao Tianyi, Li Xiangfang, Zhao Huawei, et al. Molecular simulation of adsorption and thermodynamic properties on type II kerogen: Influence of maturity and moisture content [J]. Fuel, 2017, 190: 198-207.

[163] Jin Zhehui, Firoozabadi Abbas. Effect of water on methane and carbon dioxide sorption in clay minerals by Monte Carlo simulations [J]. Fluid Phase Equilibria, 2014, 382: 10-20.

[164] Gensterblum Yves, Busch Andreas, Krooss Bernhard M. Molecular concept and experimental evidence of competitive adsorption of H_2O, CO_2 and CH_4 on organic material [J]. Fuel, 2014, 115 (4): 581-588.

[165] Hu Yinan, Devegowda Deepak, Striolo Alberto, et al. Microscopic dynamics of water and hydrocarbon in shale-kerogen pores of potentially mixed wettability [J]. SPE Journal, 2014, 20 (1): 112-124.

[166] Liu Xiangjun, Xiong Jian, Liang Lixi. Investigation of pore structure and fractal characteristics of organic-rich Yanchang formation shale in central China by nitrogen adsorption/desorption analysis [J]. Journal of Natural Gas Science and Engineering, 2015, 22: 62-72.

[167] Helmy Ahmed K, De Bussetti Silvia G, Ferreiro Eladio A. The water-silicas interfacial interaction energies [J]. Applied Surface Science, 2007, 253 (16): 6878-6882.

[168] Sobolev O, Buivin F Favre, Kemner E, et al. Water-clay surface interaction: A neutron scattering study [J]. Chemical Physics, 2010, 374 (1-3): 55-61.

[169] Ji Liming, Zhang Tongwei, Milliken Kitty L, et al. Experimental investigation of main controls to methane adsorption in clay-rich rocks [J]. Applied Geochemistry, 2012, 27 (12): 2533-2545.

[170] Zhang Tongwei, Ellis Geoffrey S., Ruppel Stephen C., et al. Effect of organic-matter type and thermal maturity on methane adsorption in shale-gas systems [J]. Organic Geochemistry, 2012, 47 (6): 120-131.

[171] Chalmers Gareth R L, Bustin R Marc. Lower Cretaceous gas shales in northeastern British Columbia, Part I: geological controls on methane sorption capacity [J]. Bulletin of Canadian petroleum geology, 2008, 56 (1): 1-21.

[172] Chalmers Gareth R, Bustin R Marc, Power Ian M. Characterization of gas shale pore systems by porosimetry, pycnometry, surface area, and field emission scanning electron microscopy/transmission electron microscopy image analyses: Examples from the Barnett, Woodford, Haynesville, Marcellus, and Doig units [J]. AAPG bulletin, 2012, 96 (6): 1099-1119.

[173] Ross Daniel J K, Bustin R Marc. The importance of shale composition and pore structure upon gas storage potential of shale gas reservoirs [J]. Marine and Petroleum Geology, 2009, 26 (6): 916-

927.

[174] Craddock Paul R, Bake Kyle D, Pomerantz Andrew E. Chemical, Molecular, and Microstructural Evolution of Kerogen during Thermal Maturation: Case study from the Woodford Shale of Oklahoma[J]. Energy & Fuels, 2018, 32 (4): 4859-4872.

[175] Chalmers Gareth R, Bustin Marc R. The Effects and Distribution of Moisture in Gas Shale Reservoir Systems [J]. AAPG Annual Convention and Exhibition, 2010.

[176] Burgess Ward A, Tapriyal Deepak, Morreale Bryan D, et al. Volume-translated cubic EoS and PC-SAFT density models and a free volume-based viscosity model for hydrocarbons at extreme temperature and pressure conditions [J]. Fluid Phase Equilibria, 2013, 359: 38-44.

[177] Burgess Ward A, Tapriyal Deepak, Morreale Bryan D, et al. Prediction of fluid density at extreme conditions using the perturbed-chain SAFT equation correlated to high temperature, high pressure density data [J]. Fluid Phase Equilibria, 2012, 319: 55-66.

[178] Chapman Walter G, Gubbins Keith E, Jackson George, et al. New reference equation of state for associating liquids [J]. Industrial & Engineering Chemistry Research, 1990, 29 (8): 1709-1721.

[179] Economou Ioannis G. Statistical associating fluid theory: A successful model for the calculation of thermodynamic and phase equilibrium properties of complex fluid mixtures [J]. Industrial & Engineering Chemistry Research, 2002, 41 (5): 953-962.

[180] Gross Joachim, Sadowski Gabriele. Perturbed-chain SAFT: An equation of state based on a perturbation theory for chain molecules [J]. Industrial & Engineering Chemistry Research, 2001, 40 (4): 1244-1260.

[181] Barker John Adair, Henderson Douglas. Perturbation theory and equation of state for fluids: the square-well potential [J]. The Journal of Chemical Physics, 1967, 47 (8): 2856-2861.

[182] Barker John A, Henderson Douglas. Perturbation theory and equation of state for fluids. II. A successful theory of liquids [J]. The Journal of Chemical Physics, 1967, 47 (11): 4714-4721.

[183] Dimitrelis Dimitrios, Prausnitz John M. Comparison of two hard-sphere reference systems for perturbation theories for mixtures [J]. Fluid Phase Equilibria, 1986, 31 (1): 1-21.

[184] Moré Jorge J. The Levenberg-Marquardt algorithm: implementation and theory [M]. Numerical analysis. Springer. 1978: 105-116.

[185] Soave Giorgio S. A noncubic equation of state for the treatment of hydrocarbon fluids at reservoir conditions [J]. Industrial & Engineering Chemistry Research, 1995, 34 (11): 3981-3994.

[186] Ross Daniel J K, Bustin R Marc. Impact of mass balance calculations on adsorption capacities in microporous shale gas reservoirs [J]. Fuel, 2007, 86 (17-18): 2696-2706.

[187] Lee HyeonHui, Kim HaeJung, Shi Yao, et al. Competitive adsorption of CO_2/CH_4 mixture on dry and wet coal from subcritical to supercritical conditions [J]. Chemical Engineering Journal, 2013, 230: 93-101.

[188] Busch Andreas, Gensterblum Yves, Krooss Bernhard M. High-pressure sorption of nitrogen, carbon dioxide, and their mixtures on argonne premium coals [J]. Energy & fuels, 2007, 21 (3): 1640-1645.

[189] 何斌, 宁正福, 杨峰, 等. 页岩等温吸附实验及实验误差分析[J]. 煤炭学报, 2015, 40 (S1): 177-184.

[190] Gasparik M, Ghanizadeh A, Bertier P, et al. High-pressure methane sorption isotherms of black shales from the Netherlands [J]. Energy & fuels, 2012, 26 (8): 4995-5004.

[191] Heller Robert, Zoback Mark. Adsorption of methane and carbon dioxide on gas shale and pure mineral samples [J]. Journal of Unconventional Oil and Gas Resources, 2014, 8: 14-24.

[192] Duan Shuo, Gu Min, Du Xidong, et al. Adsorption equilibrium of CO_2 and CH_4 and their mixture on Sichuan basin shale [J]. Energy & Fuels, 2016, 30 (3): 2248-2256.

[193] Wang Yu, Tsotsis Theodore T, Jessen Kristian. Competitive sorption of methane/ethane mixtures on shale: measurements and modeling [J]. Industrial & Engineering Chemistry Research, 2015, 54 (48): 12187-12195.

[194] Monsalvo Matias A, Shapiro Alexander A. Modeling adsorption of binary and ternary mixtures on microporous media [J]. Fluid phase equilibria, 2007, 254 (1-2): 91-100.

[195] Do D D, Do H D. Adsorption of supercritical fluids in non-porous and porous carbons: analysis of adsorbed phase volume and density [J]. Carbon, 2003, 41 (9): 1777-1791.

[196] 包汉勇, 梁榜, 郑爱维, 等. 地质工程一体化在涪陵页岩气示范区立体勘探开发中的应用 [J]. 中国石油勘探, 2022, 27 (1): 88-98.

[197] 闫存章, 黄玉珍, 葛春梅, 等. 页岩气是潜力巨大的非常规天然气资源 [J]. 天然气工业, 2009, 29 (5): 1-6.

[198] 卢义玉, 周军平, 鲜学福, 等. 超临界CO_2强化页岩气开采及地质封存一体化研究进展与展望 [J]. 天然气工业, 2021, 41 (6): 60-73.

[199] 王海柱, 李根生, 郑永. 超临界CO_2压裂技术现状与展望 [J]. 石油学报, 2020, 41 (1): 116-126.

[200] 端祥刚, 吴建发, 张晓伟, 等. 四川盆地海相页岩气提高采收率研究进展与关键问题 [J]. 石油学报, 2022, 43 (8): 1185-1200.

[201] Cancino Olga Patricia Ortiz, Pérez David Pino, Pozo Manuel, et al. Adsorption of pure CO_2 and a CO_2/CH_4 mixture on a black shale sample: Manometry and microcalorimetry measurements [J]. Journal of Petroleum Science and Engineering, 2017, 159: 307-313.

[202] Qi Rongrong, Ning Zhengfu, Wang Qing, et al. Sorption of methane, carbon dioxide, and their mixtures on shales from Sichuan Basin, China [J]. Energy & Fuels, 2018, 32 (3): 2926-2940.

[203] Luo Xiangrong, Wang Shuzhong, Wang Zhiguo, et al. Adsorption of methane, carbon dioxide and their binary mixtures on Jurassic shale from the Qaidam Basin in China [J]. International Journal of Coal Geology, 2015, 150: 210-223.

[204] Rexer Thomas F, Mathia Eliza J, Aplin Andrew C, et al. High-pressure methane adsorption and characterization of pores in Posidonia shales and isolated kerogens [J]. Energy & Fuels, 2014, 28 (5): 2886-2901.

[205] Fujita Takatoshi, Watanabe Hirofumi, Tanaka Shigenori. Effects of salt addition on strength and dynamics of hydrophobic interactions [J]. Chemical Physics Letters, 2007, 434 (1): 42-48.

[206] Billemont Pierre, Coasne Benoit, De Weireld Guy. Adsorption of carbon dioxide, methane, and their mixtures in porous carbons: effect of surface chemistry, water content, and pore disorder [J]. Langmuir, 2013, 29 (10): 3328-3338.

[207] Falk Kerstin, Pellenq Roland, Ulm Franz Josef, et al. Effect of Chain Length and Pore Accessibility on

Alkane Adsorption in Kerogen [J]. Energy & Fuels, 2015, 29 (12): 7889-7896.

[208] 熊健, 刘向君, 梁利喜. 甲烷在黏土矿物狭缝孔中吸附的分子模拟研究 [J]. 煤炭学报, 2017, 42 (4): 959-968.

[209] Huang Liang, Ning Zhengfu, Wang Qing, et al. Effect of organic type and moisture on CO_2/CH_4 competitive adsorption in kerogen with implications for CO_2 sequestration and enhanced CH_4 recovery [J]. Applied Energy, 2018, 210: 28-43.

[210] Huang Liang, Ning Zhengfu, Wang Qing, et al. Molecular simulation of adsorption behaviors of methane, carbon dioxide and their mixtures on kerogen: effect of kerogen maturity and moisture content [J]. Fuel, 2018, 211: 159-172.

[211] Wang Tianyu, Tian Shouceng, Li Gensheng, et al. Selective adsorption of supercritical carbon dioxide and methane binary mixture in shale kerogen nanopores [J]. Journal of Natural Gas Science and Engineering, 2018, 50: 181-188.

后 记

  本书主要针对海相页岩气吸附。现阶段，我国已经实现了埋深3500m以浅海相页岩气资源的有效开发，并逐步向陆相、海陆过渡相和深层海相页岩气资源进军。我国陆相页岩气资源丰富，主要分布于四川盆地和鄂尔多斯盆地，但还未实现商业化开发。陆相页岩气与海相页岩气之间存在诸多差异，无法照搬海相页岩气开发的成功经验。

  海相页岩有机质热演化程度高（等效镜质组反射率为2.0%~3.5%），普遍处于高—过成熟阶段，主要生成干气。天然气中甲烷平均含量高，一般可视为纯甲烷。陆相页岩有机质热演化程度偏低（等效镜质组反射率为0.72%~1.4%），低成熟—成熟阶段均有发育，主要处于生油窗后期—生湿气窗的高峰期，油气共生，烃类组分复杂。此外，陆相页岩黏土矿物含量高于海相页岩，而有机质丰度和海相页岩相似。但是，由于热演化程度低，陆相页岩有机质孔不如海相页岩发育。因此，与海相页岩气相比，陆相页岩气的组成和储集空间具有明显的特殊性，进而导致其赋存状态和产出机理更加复杂，首先，陆相页岩纳米级孔隙中油气共存，受孔隙壁面的影响，气态烷烃会吸附在孔隙壁面形成"类液体"（liquid like）层，液态烷烃会吸附在孔隙壁面形成"类固体"（solid like）层。不同烃类间还存在竞争吸附。其次，受到烃类分子吸附的影响，纳米级孔隙中的烃类流体会表现出不同于宏观尺度下的相态行为，如相变边界偏移、临界点变化等。因此，未来有必要开展陆相页岩多重孔隙空间中复杂烃类混合物的竞争吸附—相变耦合行为，从而深入认识陆相页岩气的赋存特征和产出机制，最终为陆相页岩气勘探开发靶区优选和开采动态评价提供理论支撑。